什么是金属材料工程？

WHAT IS METALLIC MATERIALS AND ENGINEERING？

王　清　李佳艳　编著
董红刚　陈国清　主审

图书在版编目(CIP)数据

什么是金属材料工程? / 王清，李佳艳编著.
大连：大连理工大学出版社，2024.6. -- ISBN 978-7
-5685-5025-3

Ⅰ. TG14

中国国家版本馆 CIP 数据核字第 2024SG5656 号

什么是金属材料工程?
SHENME SHI JINSHU CAILIAO GONGCHENG?

策划编辑:苏克治
责任编辑:王　伟　李宏艳
责任校对:周　欢
封面设计:奇景创意

出版发行:大连理工大学出版社
(地址:大连市软件园路 80 号,邮编:116023)
电　　话:0411-84708842(发行)
0411-84708943(邮购)　0411-84701466(传真)
邮　　箱:dutp@dutp.cn
网　　址:https://www.dutp.cn

印　　刷:辽宁新华印务有限公司
幅面尺寸:139mm×210mm
印　　张:4.75
字　　数:91 千字
版　　次:2024 年 6 月第 1 版
印　　次:2024 年 6 月第 1 次印刷
书　　号:ISBN 978-7-5685-5025-3
定　　价:39.80 元

出版者序

高考，一年一季，如期而至，举国关注，牵动万家！这里面有莘莘学子的努力拼搏，万千父母的望子成龙，授业恩师的佳音静候。怎么报考，如何选择大学和专业，是非常重要的事。如愿，学爱结合；或者，带着疑惑，步入大学继续寻找答案。

大学由不同的学科聚合组成，并根据各个学科研究方向的差异，汇聚不同专业的学界英才，具有教书育人、科学研究、服务社会、文化传承等职能。当然，这项探索科学、挑战未知、启迪智慧的事业也期盼无数青年人的加入，吸引着社会各界的关注。

在我国，高中毕业生大都通过高考、双向选择，进入大学的不同专业学习，在校园里开阔眼界，增长知识，提升能力，升华境界。而如何更好地了解大学，认识专业，明晰人生选择，是一个很现实的问题。

为此，我们在社会各界的大力支持下，延请一批由院士领衔、在知名大学工作多年的老师，与我们共同策划、组织编写了"走进大学"丛书。这些老师以科学的角度、专业的眼光、深入浅出的语言，系统化、全景式地阐释和解读了不同学科的学术内涵、专业特点，以及将来的发展方向和社会需求。希望能够以此帮助准备进入大学的同学，让他们满怀信心地再次起航，踏上新的、更高一级的求学之路。同时也为一向关心大学学科建设、关心高教事业发展的读者朋友搭建一个全面涉猎、深入了解的平台。

我们把"走进大学"丛书推荐给大家。

一是即将走进大学，但在专业选择上尚存困惑的高中生朋友。如何选择大学和专业从来都是热门话题，市场上、网络上的各种论述和信息，有些碎片化，有些鸡汤式，难免流于片面，甚至带有功利色彩，真正专业的介绍尚不多见。本丛书的作者来自高校一线，他们给出的专业画像具有权威性，可以更好地为大家服务。

二是已经进入大学学习，但对专业尚未形成系统认知的同学。大学的学习是从基础课开始，逐步转入专业基础课和专业课的。在此过程中，同学对所学专业将逐步加深认识，也可能会伴有一些疑惑甚至苦恼。目前很多大学开设了相关专业的导论课，一般需要一个学期完成，再加上面临的学业规划，例如考研、转专业、辅修某个专业等，都需要对相关专业既有宏观了解又有微观检视。本丛书便于系统地识读专业，有助于针对性更强地规划学习目标。

三是关心大学学科建设、专业发展的读者。他们也许是大学生朋友的亲朋好友，也许是由于某种原因错过心仪大学或者喜爱专业的中老年人。本丛书文风简朴，语言通俗，必将是大家系统了解大学各专业的一个好的选择。

坚持正确的出版导向，多出好的作品，尊重、引导和帮助读者是出版者义不容辞的责任。大连理工大学出版社在做好相关出版服务的基础上，努力拉近高校学者与

读者间的距离，尤其在服务一流大学建设的征程中，我们深刻地认识到，大学出版社一定要组织优秀的作者队伍，用心打造培根铸魂、启智增慧的精品出版物，倾尽心力，服务青年学子，服务社会。

“走进大学”丛书是一次大胆的尝试，也是一个有意义的起点。我们将不断努力，砥砺前行，为美好的明天真挚地付出。希望得到读者朋友的理解和支持。

谢谢大家！

苏克治

2021 年春于大连

前　言

在人类的历史长河中，金属材料发挥了至关重要的作用，推动了社会进步和科技的快速发展。从最早的青铜器、铁器到现代的先进结构材料，金属材料已经融入人类社会的许多方面，塑造着人类社会的历史、现在和未来。随着科技的不断进步和工业的快速发展，金属材料作为一种重要的基础材料，广泛应用于制造业、能源、航空航天、基础建设等众多领域中。金属材料优异的力学性能（高强度等）和功能性能（导电性等）使其成为制造各种产品的理想选择。例如，汽车行业需要高强度的金属材料，航空航天领域需要轻量化的金属材料，电子设备行业需要优良导电性的金属材料。金属材料的广泛应用为

经济增长提供了强有力的支撑。

《什么是金属材料工程？》从材料起源、材料制造和性能、材料未来发展等多个方面介绍了金属材料及金属材料工程专业的历史和发展前景，旨在深入探讨金属材料的精髓，揭示金属材料背后的历史、技术和人文演化。本书主要内容包括古老而神秘的金属世界、金属的神奇特性、金属的秘密工坊、金属材料工程的大舞台、魅力四射的金属材料工程专业、金属材料工程领域的魔法师，以及金属材料工程专业的奇幻之旅七部分。通过追溯金属的发现历史，我们可以了解古代人类发现、提炼并利用金属的过程，探寻金属工艺背后的智慧和历史意义。从铁器时代到现代高新材料，金属的制备工艺一直在不断演进，为人类社会的发展提供了无尽的可能性。本书还呈现了一系列杰出科学家、工程师和创新者的生平故事。他们的贡献和成就不仅改变了金属材料工程领域，也深刻影响了整个人类文明的进程。未来，金属材料将继续发挥重要作用，科技创新将会使金属材料在能源、环境、航空航天等领域的应用前景更加广阔。

本书的内容还涵盖了金属材料工程专业的课程体系和专业发展等相关内容，可为读者提供全面的认知。通过本书，我们希望读者能够深入了解金属材料工程的精髓，感受金属的魅力与力量，激发对金属材料工程相关学科的热爱与探索欲望。无论您是金属材料工程专业的学生、工程师，还是对金属材料工程专业感兴趣的读者，本书都将为您打开一扇通往金属世界的大门，带领您探索这个充满惊喜和挑战的领域。让我们一起踏上这段奇妙的旅程，一同探寻金属材料工程的无限可能性，共同见证金属的永恒魅力！

编著者

2024 年 5 月

目　录

古老而神秘的金属世界　/ 1

金属的发现——失落的宝藏　/ 1

金属的发展——辉煌的青铜器时代和铁器时代　/ 5

青铜器时代　/ 5

铁器时代　/ 12

金属的崛起——工业革命及现代文明　/ 15

金属的神奇特性　/ 19

电子——自由的舞者　/ 20

为什么金属能够导电？　/ 23

金属如何变身为传热的巨星？　/ 28

金属的力量之谜——塑性和韧性、强度　/ 31

金属的微观世界——性能的控制者 / 36

金属的秘密工坊 / 43

金属的起源——探索金属矿石宝藏 / 44

金属的魔法炼制过程 / 50

金属的铸造 / 55

金属的锻造 / 57

传统锻造技术 / 58

热锻技术 / 59

冷锻技术 / 59

粉末冶金技术 / 59

数控锻造技术 / 60

金属材料先进制备技术 / 60

粉末冶金技术 / 60

快速凝固技术 / 61

增材制造技术 / 61

纳米材料制备技术 / 62

金属材料工程的大舞台 / 63

基础设施建设中的金属材料工程 / 64

结构材料 / 64

耐腐蚀材料 / 64

导电材料 / 65

热工材料 / 66
化学反应材料 / 67
现代交通工具中的金属材料工程 / 68
铝合金 / 68
钢材 / 68
镁合金 / 69
钛合金 / 70
铜合金 / 70
前沿领域中的金属材料工程 / 71
超高强度金属合金 / 71
纳米结构金属材料 / 72
二维金属材料 / 73
金属基复合材料 / 73
可再生金属材料 / 74
金属材料工程与环保 / 75
资源利用与循环经济 / 75
节能与减排 / 76
延长寿命与减少废弃物 / 76
环境监测与保护 / 77
金属材料工程与社会发展 / 78

魅力四射的金属材料工程专业　/ 80
金属材料工程专业概况　/ 80
探寻专业的精彩课程设置　/ 84
金属材料工程专业的职业前景　/ 89
新材料开发方向　/ 91
能源与环保领域方向　/ 91
先进制造技术方向　/ 93
航空航天和汽车工业方向　/ 94
智能制造和物联网　/ 95
金属材料工程领域的“魔法师”　/ 97
高温合金的开拓者——师昌绪　/ 97
金属冶金事业的先驱者——李薰　/ 100
马氏体相变的奠基人——徐祖耀　/ 103
轮椅上的领路人院士——金展鹏　/ 105
金属材料工程专业的奇幻之旅　/ 108
金属材料工程专业的学习　/ 109
金属材料工程专业人才的未来和发展　/ 116
金属材料工程的学习之道　/ 120
参考文献　/ 127
“走进大学”丛书书目　/ 131

古老而神秘的金属世界

做基础研究要有应用背景，而做应用研究，一定要深入探讨机理，否则不可以超越前人。

——徐光宪

▶▶金属的发现——失落的宝藏

在人类历史发展的长河中，金属的发现和应用是一个十分重要的里程碑，从青铜器时代到铁器时代，从古代文明的兴起到现代文明的繁荣，金属都在其中扮演着重要的角色，是贯穿历史长河的重要一员。金属的发现不仅改变了人类的生活方式，还推动了文明的进步。然而，金属的发现并非一蹴而就，而是经历了漫长而艰辛的探索过程。

因为多数金属的性质比较活泼，很难独立存在于自然界，所以被人类发现的概率也就大大降低。人类对金属资源的探索最早可以追溯到新石器时代晚期，随着火的出现，金属铜诞生了。在我国的奴隶社会时期，在森林大火后的灰烬中，人们发现了铜，这是由于木材燃烧生成的木炭和地表的铜矿石发生反应，将铜矿石还原而生成了单质铜。此后，人们开始从山脉和河流中发掘金属矿石，并通过熔炼和提纯等方法提取金属。据考古学证据，在公元前 8000 年前后，人们开始使用铜制品，这标志着早期金属时代的来临。另一种被人类早期发现的金属材料是金，这是因为黄金和铜一样，性质不活泼，导致它们在自然界中能够以单质状态存在，所以容易引人注目。黄金不同于铜的冶炼，它在当时主要依靠物理方法获取，最开始人们在河滩上的沙地里寻找金子，后来注意到经常在沙子中发现金沙，人们就发现了“披沙淘金”的方法。但由于金子太过稀少，质地也太软，没有引起人类太大的兴趣。

金属出现之后，其优点逐渐凸显，古人对金属的需求也越来越高，同时由于人类迁徙和贸易，对金属资源的利用逐渐发展到了更广的地域。随着对金属的发掘，一些稀有金属（例如金和银）逐渐出现在人类社会。它们被制成贵重物品，但更多是用于货币贸易。

金属能够迅速发展还得益于古人对金属的冶炼技术。最早的冶炼技术很简单，只是经过简单的烧制：人们把金属矿石放到火中，通过加热使其熔化成液体，并再次冷却凝固成固体，最早的铜就是这般形成的。这种方法虽然简单，却是冶炼技术的起点。人们将冶炼提取出来的金属，通过熔炼、铸造、锻造等手段制成各种形状的器物。随着社会的发展，简单的冶炼技术不能满足古人的需求，他们便开始探索更加高效的冶炼技术。有考古发现可以证实，20 世纪在河北省唐山市发掘出了两块呈红色的铜牌，它的形状呈梯形，上面还有孔，由于所处环境比较干燥，所以这些特征比较明显。经专家鉴定，这些铜牌并不是通过磨具铸造出来的，而是敲打出来的，这应该就是早期的锻造技术了。后来在甘肃也发掘出了近 20 件铜器，这些器件都是由天然铜锤敲出来的，从地域跨度之大可以看出，当时对铜的应用较为广泛，如图 1 所示为甘肃省博物馆的青铜器碎片。在采集天然铜的时候，常会发现色彩鲜艳的孔雀石，经过人类的探索，后来把孔雀石和木炭一起加热，也意外地炼出了铜，这也算是最早的炼铜技术了。随着越来越多的金属被发现，添加其他元素制成合金成为可能，古人通过添加锡和铅，改变了金属材

料的性质和用途，这就是古代的合金。后来人们逐渐掌握了青铜制造技术，以铜和锡的合金为原料制作出更加坚固耐用的铜器和武器，人们便从石器时代进入青铜器时代，拉开了人类文明的序幕。

图1　甘肃省博物馆的青铜器碎片

随着时间的推移，人们开始探索金属冶炼和提纯的技术。在古代中东地区，人们发现了铁的冶炼技术。通过将铁矿石与木炭一起加热，人们成功地提取出了纯铁。铁的出现极大地改善了农业、建筑等方面的生产力，推动了人类社会的进步。此外，人们还发现了其他重要的金属，如锡、铅、锌等，并将它们应用于不同的领域。

金属虽然比较重要，但如果不能得到充分利用，也最多不过是一种装饰。金属的发现和利用在同一时期，这也可以看出人类祖先对于工具的急切需求。当时，他们发现金属可以制成更有效、更锋利的武器和工具，导致相对笨拙的石器逐渐淡出古代社会。因为对金属的利用，社会开始从以打猎为主的部落生活方式逐渐转变为农耕工艺，这在社会发展的历史上有浓墨重彩的一笔。

▶▶金属的发展——辉煌的青铜器时代和铁器时代

➡➡青铜器时代

青铜器时代是一个充满神秘与魅力的历史阶段，是人类文明史上的一个重要里程碑，标志着人类社会发展的一个巨大飞跃，揭示了人类对金属资源认知的突破，以及生产力的巨大提升。青铜器的演变大致分为三个阶段，即从形成到鼎盛再到转变时期。甘肃马家窑出土的铜刀经研究判断距今已有 5 000 多年的历史，被认为是中国最早的青铜器，但此时的青铜器并没有兴起的趋势。青铜器的形成期起始于 4 000 多年前，中国历史上的“青铜器时代”包含中国古代的夏、商、周、春秋、战国时期，在

这1 600年间，物质和文化方面以青铜礼器、乐器和兵器为主要特点。根据史书和考古发现，青铜器的黄金时期是在商、周两代，那时的青铜器被用在礼乐和祭祀等重要场合，在青铜器中礼乐器等数量最多、最精美，这种器件也代表着古代中国青铜器的最高水平。而到了战国末期，青铜器便迎来了转变期，开始退出礼乐和祭祀等重要场合，逐渐出现在日常生活中，青铜器的出现不仅使得工具和武器更为坚韧、耐用，而且极大地提高了生产率和生存能力。后母戊鼎、四羊方尊、青铜大立人像、毛公鼎、莲鹤方壶、越王勾践剑、曾侯乙编钟、秦始皇铜陵马车、长信宫灯、铜奔马被称为中国历史十大青铜器国宝。

青铜是一种合金材料，是指在金属铜中混入金属锡、铅或砷所构成的合金。从全球考古的结果来看，地球上大多数古文明，都经历了红铜（纯铜）、砷铜（砷铜合金）到青铜（铜锡或铜铅合金）的发展历程。砷铜比青铜有着近2 000年的领先，是人类历史上取代单质红铜的第一合金，但是无论是红铜还是砷铜等铜的合金，都没有在人类历史上留下过多的痕迹，相反青铜一经发现，就迅速在许多领域得到推广使用，甚至以其为名命名了人类历史上非常重要的一段时期——青铜器时代。

下面我们就从材料专业角度分析一下青铜合金的优点。

青铜合金最早是指铜锡合金，后来把除了黄铜、白铜以外的铜合金都称为青铜，包括锡青铜、铝青铜、铅青铜等无锡青铜，都具有非常高的机械性、耐磨性与抗腐蚀性能。相比于纯铜材料，它具有三个显著的优点：熔点低；硬度和强度高；易于铸造。

红铜的熔点为 1 083 ℃，而青铜，依据锡的质量分数不同，熔点在 700～900 ℃变化。这就使得青铜的冶炼条件比红铜更容易实现。如图 2 所示为 Cu-Sn 合金的相图，从图中可以清晰地看到，随着金属 Sn 的引入，合金的液相线温度在持续降低。

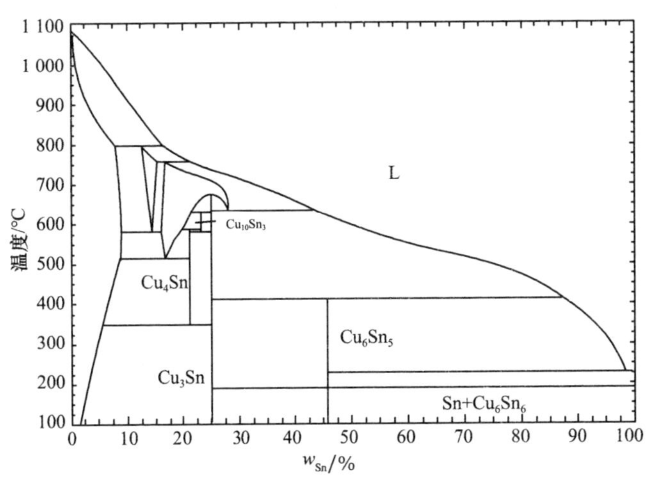

图 2　Cu-Sn 合金的相图

金属锡的引入可以使青铜合金的硬度和强度大幅度提高，同时也提高了材料的抗腐蚀性能。青铜的硬度是红铜的 4.7 倍，这也是如今发掘的青铜器上花纹还很清晰的主要原因。从材料专业角度分析，固溶强化、第二相强化等多种强化机制在其中发挥作用，使得青铜合金的硬度和强度比纯铜材料明显提高。

易于铸造与青铜的熔点低有关。低熔点的青铜合金在铸造温度下熔体黏度低，流动性强，可以说无孔不入。这就使得熔体浇铸进模具后填充性好，很少有气孔存在，得到的铸件表面相对光滑。

鉴于上述性能优点，青铜器在我国古代材料历史中占有举足轻重的位置。在我国古代，就发现了不同成分配比的青铜合金性能有所差别，指出了不同合金配比的青铜器可用于制造各种性质的器物。中国古代把合金称为“齐”，《周礼 · 考工记》这本书中记载了“金有六齐”，就是指青铜器有 6 种合金，即“六分其金而锡居一，谓之钟鼎之齐：五分其金而锡居一，谓之斧斤之齐；四分其金而锡居一，谓之戈戟之齐；三分其金而锡居一，谓之大刃之齐；五分其金而锡居二，谓之削杀矢之齐；金锡半，谓之鉴燧之齐”。这可以算作中国最早的材料设计工作了。

本部分内容选择兵器和乐器的两个典型代表，即越王勾践剑和曾侯乙编钟来介绍我国青铜器时代所取得的辉煌成就。

越王勾践剑是中国春秋晚期越国的青铜器代表，如图3所示。越王勾践剑于1965年在湖北省江陵（今荆州市荆州区）望山1号墓出土，被誉为“天下第一剑”，代表着中国青铜剑铸造技术的最高水准。越王勾践剑通长55.7厘米，柄长为8.4厘米，剑宽为4.6厘米，质量为875克。据质子射线荧光分析，其主要材料组成为锡青铜合金，含有少量的铅和微量的镍，灰黑色的菱形花纹及黑色的剑柄、剑格都含有硫，这也使得宝剑历经数千年仍精美绝伦。越王勾践剑最让人惊奇的是出土时不仅没有半点锈迹，而且锋利无比。经过试验，能轻松将20多页纸穿透划破。考古学家对越王勾践剑千年不锈的原因进行了深入研究，有专家说主要原因是这把青铜剑的锡质量分数在15%～18%，而且剑身经过硫化处理，所以不锈。还有专家称这把宝剑的铜质好，杂质少，制作工艺精良，出土时有剑鞘保护，且墓葬外部环境好。确切原因为何目前并未有定论，但是其高深的制造技艺至今仍给材料人很深的启示，代表着中国青铜器工艺的文明和辉煌。

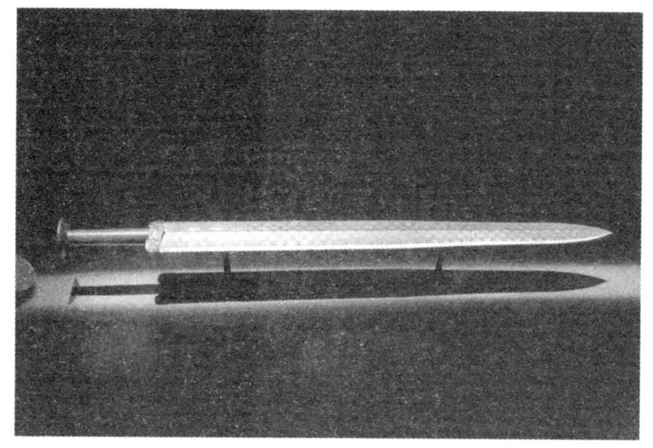

图3　越王勾践剑

曾侯乙编钟是战国早期曾国国君的一套大型礼乐重器，如图4所示，它的出土改写了世界音乐史，是中国迄今发现数量最多、保存最好、音律最全、气势最宏伟的一套编钟。它于1978年在湖北省随县（今属湖北省随州市）擂鼓墩曾侯乙墓出土，被誉为“中国古代音乐艺术的瑰宝”。曾侯乙编钟也由青铜制成，合金中锡质量分数为12.49%～14.46%，铅质量分数为1%～3%，剩余为铜及少量杂质。研究发现这一合金成分与其声学特性有着重要的关系。当锡质量分数低于13%时，制备的器乐音色单调、尖刻；增加锡质量分数到13%～16%时，器乐的音色就会丰满悦耳。但锡质量分数太高会对青铜的韧性产生影响，使得青铜变脆，容易被击碎。此外铅的添加也会对乐器的音质产生影响，铅对钟声的传递能起到阻止作用，可以加快钟声的衰减，有利于演奏效果。曾侯乙编钟含铅，既能阻止钟声的传递，又不至于影响编钟的音色。曾侯乙编钟是中国古代青铜器中的一颗璀璨明珠，它以其独特的材料、精湛的制作工艺和卓越的音乐特点，成为世界文化遗产中不可或缺的一部分。通过对曾侯乙编钟的研究，我们不仅能够欣赏到其美妙的音色，还能够深入了解中国古代音乐和文化的博大精深。

图 4　曾侯乙编钟

我国的青铜器代表文物还有很多，在此就不一一列举了。总之，在中国古代，青铜器是社会权力、财富和文化的象征。然而，随着时间的推移和社会的变迁，青铜器的开发和制备技术停滞，制作工艺逐渐失传，导致青铜器逐渐失去了其在生产和生活中的应用价值，青铜器时代逐渐衰落，取而代之的是更为实用和经济的材料和工艺。尽管青铜器的辉煌时代已经过去，但它们作为文化遗产和历史见证，在今天仍然被重视和研究，成为人们了解古代文明和艺术的窗口。

➡➡铁器时代

铁器时代的起始时间是非常有争议的，不同地区进入铁器时代的时间也有所不同。中国在春秋末年（约公元前 5 世纪），大部分地区已开始使用铁器。铁器时代承接青铜器时代而来，最主要的原因是铁的冶炼难度比青铜合金难度大很多，在冶铁技术出现之前，世界上的铁器以陨铁为主，因为在自然中除了陨铁之外，几乎不存在铁单质。铁的熔点比铜的高出将近 500 ℃，当时的熔炼温度还不能达到这一标准，不足以将铁熔化，所以大多是在陨石中得到铁，而非由铁矿中提取，这也是为什么铁的出现较铜晚许多。而我国对陨铁的使用与世界上的其他地区有些不同，古代中国大多数是将陨铁配合着铜使用。

北京平谷和刘家河商墓出土了公元前 14 世纪时商朝的 5 件铁刃铜钺，中国古人将铁称为“天石”，是将陨铁做成刃部嵌入青铜材料的钺，这些铜钺铁刃是将陨铁敲打成刃后，向模具中浇铸青铜铸合而成的。

相比于青铜合金，铁合金具有更多优势。

铁矿比铜矿更多，资源更加丰富，如果冶炼技术可以实现，那么获得铁合金就变得更具实用意义。

铁器的坚硬程度高于青铜器，且其韧性比青铜器更好，不易折断，这使得其替代青铜器变得更具意义。

既然铁器具有这么优异的使用性能，为什么人类在发现了铁器一两千年之后，才用它替代青铜器呢？这主要是受制于铁的冶炼技术。铁器时代的发展是与冶炼技术发展相生相伴的。焦炭的出现使铁的冶炼成为可能，通过高温还原，纯度更高的铁问世了。随着古代文明的发展，开始出现块炼铁和生铁制钢。

块炼铁技术是由赫梯人发明的，它不同于我们熟悉的冶炼液态铁的技术，它主要是将铁矿石与木炭混合在一起，放入炉中，通过在 1 000 ℃左右的长时间高温还原，以获得固态铁的技术。通过我们现在所了解的材料专业知识可以知道，1 000 ℃并没有达到金属铁的熔点，所以

全部的过程都是在固态下进行的，因此这种技术称为“块炼”。在块炼铁中存在着较多的固态夹杂物，制得的铁呈海绵状，经过锻打后可制成铁器。

块炼铁对中国的影响不超过500年，止于春秋时代。在春秋时代后中国又开发了另一条冶炼液态生铁的技术路线——铸铁，并对其进行了柔化，使铸成的铁器实现韧化。铸铁是碳质量分数大于2%的铁碳合金，又叫生铁或铣铁。铸铁是在铸铜技术的基础上发展起来的，主要是指通过液态冶炼技术制备高碳生铁，从而直接铸造各种铁器。我国早在《汉书·五行志上》就对铸铁技术有文字记载：“成帝，河平，二年正月，沛郡，铁官铸铁，铁不下，隆隆如雷声，又如鼓音。”而《北史·杨津传》中也有记载：“掘地至泉，广作地道，潜兵涌出，置炉铸铁，持以灌贼。贼遂相告曰：‘不畏利槊坚城，唯畏杨公铁星。’”

铁的每一次冶炼技术的进步都会对人类的社会生活产生重大的影响。相比于铸铁，钢材的性能要更加优秀，而我国的考古研究发现，我国在铸铁技术之后，又出现了炒钢技术。炒钢技术是指将生铁在半熔融状态下进行生铁炒炼，最后脱碳成钢的工艺。炒钢技术早在战国晚期就已经出现，在东汉时期，炒钢技术得以应用。《天工开物》中详细描述了我国古代的炒钢过程。将半熔融状的生铁不停地搅拌，加大铁与空气中氧气的接触面积，此时铁中的碳就可以被氧气氧化而使其质量分数降低，这样就实现了从铸铁向钢的转变。如果碳被完全氧化，就会变成低碳熟铁；在未完全脱碳的情况下，如果停止炒炼过程，就可以获得中碳钢或高碳钢。炒钢技术的出现，代表着钢铁技术在我国古代的又一次飞跃。在陕西临潼出土了 24 件铁器，经过现代手段的分析发现，这 24 件铁器由生铁经过铸造、炒炼、锻造等手段制成，其中有 4 件铁器呈锥、凿状，均为炒钢制品。

▶▶金属的崛起——工业革命及现代文明

18 世纪 60 年代中期，第一次工业革命开始，这场革命主要发源于英国，以蒸汽机作为动力机被广泛使用为标志，历史学家也称这个时代为“蒸汽时代”。它开创了以机器代替手工工具的时代，这使得大批量、高效率、低成本地生产工业化产品成为可能。制造这些工业机器需要大量的钢铁材料。在 18 世纪就存在的铁材料绝不再是一种新材料，但是彼时铁的生产仅限于小规模的铁矿石冶炼，可生产的数量有限，而且还需要大量消耗木炭。钢铁材料的制备限制了工业革命的快速发展。

那么我们先从材料专业角度介绍一下什么是钢铁。

钢铁是一种铁碳合金,是以铁和碳为组元的二元合金。当铁碳合金中碳质量分数高于6.69%时,得到的合金体系由于塑性太差,已经没有太多的应用意义。所以直到目前应用最广泛、最受关注的铁碳合金,碳质量分数都是低于6.69%的。在碳质量分数小于6.69%的铁碳合金中,又可以根据碳质量分数的区别分为钢和铸铁两种。钢和铸铁的碳质量分数分界线是2.11%,碳质量分数低于2.11%的铁碳合金称为钢,碳质量分数在2.11%~6.69%的铁碳合金称为铸铁。其中还可以细分,如图5所示。

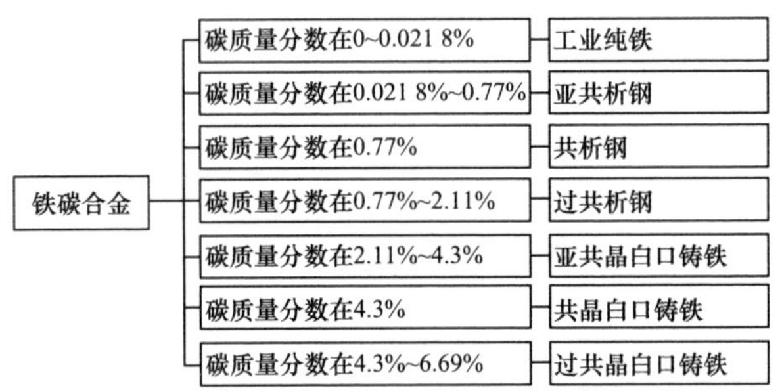

图5 钢铁的分类及成分区间

近代材料的第一大特征就是大规模钢铁生产的兴起,工业革命刚开始时,人们可以制造出更多的韧性“熟铁”，但生产工艺缓慢，生产规模较小，需要大量的劳动力来实现，这导致熟铁成为一种昂贵的商品。为了满足工业化发展需求，必须找到一种大规模生产钢铁的方法，在寻找新的炼钢法的过程中，最早获得成就的是英国的威廉·凯利。19 世纪 40 年代末，凯利发现在精炼生铁时，少加一些木炭，多向炉内鼓进些空气，能使炉温升高，同时还能降低铁中碳质量分数，把铁炼成钢。当时凯利并没有向外界公布自己的发现结果。1956 年，英国的工程师贝塞麦在一次会议上描述了他的炼钢方法，他说：“生铁在转炉里猛烈爆发，铁终于变成钢了！诸位！这才是英国的金块。”他称这种方法是“不加燃料的炼铁法”。第二天，英国的泰晤士报全文登出了他的这个报告。从此开启了钢铁大规模生产的时期，贝塞麦的转炉炼钢法一次可将 350 千克铁炼成钢，这完全是工业级别的炼钢法。也因此，转炉炼钢以贝塞麦的名义被很快推广开来。贝塞麦转炉炼钢法也被称为酸性底吹转炉炼钢法。这种方法利用空气从酸性炉衬的转炉底部吹入铁水，通过氧化铁水中的杂质元素来产生大量的热量，从而炼成钢水。

贝塞麦转炉炼钢法也存在着一些技术缺陷，他没有办法去除钢中的杂质硫和磷，导致钢铁存在热脆和冷脆等问题。这些问题在 20 多年后被英国的托马斯解决。

托马斯认为磷没办法去除是因为炉衬材料的问题，他通过分解白云石，制备出来碱性炉衬，1874 年宣布取得了较好的去除硫、磷的效果，之后，人们就把碱性炉衬的转炉称为托马斯转炉。1880 年后，因上述一系列研究成果的取得，英国的钢产量快速提升，为后续的钢铁熔炼技术奠定了重要的基础。从 19 世纪后半叶开始，在钢铁产量大幅度提升的基础上，更多、更新的钢种被研发出来，进入了合金钢的大发展时期。在合金钢大发展的同阶段，镍、铝、镁、钛等金属也被发现并有少量应用，但是这个阶段应用的金属材料还是以铁基材料为主。

工业革命是人类历史上一个重要的转折点，它以科技创新为基础，带来了社会经济的巨大变革。而钢铁工业正是工业革命的核心内容之一。钢铁的大规模生产和广泛应用推动了工业化进程和现代工业社会的形成。

金属的神奇特性

科学是永无止境的，它是一个永恒的谜。

——爱因斯坦

金属在我们的日常生活中无处不在，构成了现代社会的重要基础。从我们使用的电子设备到我们乘坐的交通工具，甚至到建筑、医疗和工业机械领域，金属都扮演着至关重要的角色。您是否好奇为什么金属如此特殊，以至于它们能够在许多行业都有着无可替代的重要应用呢？本部分将带您深入探索金属的神奇特性，揭示这些材料的内在魅力和不可思议之处。我们将解释金属为何在导电性、导热性、强度和可塑性等方面表现出众。从金属的原子结构出发，探索晶体结构及电子性质对金属性能的影响。

▶▶电子——自由的舞者

在物质的微观世界中,有一个微小而又极其重要的粒子,它就像优雅的舞者,在金属材料中自由地舞蹈,赋予了金属很多独特的性质,这就是电子。

电子的发现历史可以追溯到1897年,英国物理学家汤姆孙(Thomson,1892—1975)在研究阴极射线在电场和磁场中的偏转时,发现这些射线中的粒子带有负电荷,并且它们的质量与氢原子相近,这一发现开创了现代物理学的新纪元。汤姆孙认为这些射线是由一种比原子更小的粒子组成的,他称之为“电子”。后来,美国物理学家密立根(Millikan,1868—1953)通过对油滴的运动轨迹进行观察和测量,从而确定其是带电量的,证明了这种微粒子的电荷量为一个基本电荷的整数倍,从而证明了这种微粒子的存在。为了纪念汤姆孙的贡献,人们将这种微粒子命名为电子。

电子是一种基本粒子,带有负电荷,存在于原子核周围的空间中,与原子核一起组成原子结构。电子质量极小,大约是质子或中子的1/1 836。电子围绕原子核运动,形成各种不同的化学键,从而使物质表现出各种各样的性质。

对于金属原子来说，其结构特点是最外层电子数很少，一般小于 4 个。在金属原子中，原子核对外层电子的束缚力相对较弱，这使得电子能够自由地从一个原子跳到另一个原子，从而在金属中自由运动，而金属原子则成为正离子，自由电子在正离子之间自由运动，为各个原子所共有，形成电子海，如图 6 所示。金属原子正是通过自由电子和金属正离子之间的引力而相互结合在一起的，我们将这种结合键称为金属键。绝大多数的金属均是以金属键方式结合的。电子的共有化是它们的基本特点。

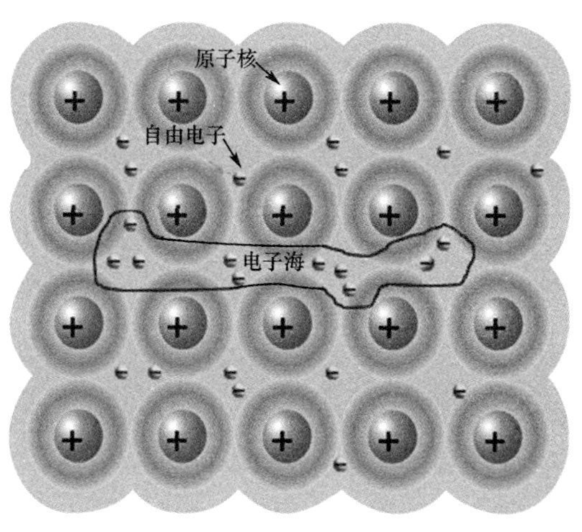

图 6　金属中的电子海

由上述介绍可以推断，金属键既没有饱和性也没有方向性，所以每个原子都趋于与更多的原子相结合形成密堆的结构，这样的结构能量更低，更加稳定。当金属受力变形的时候，原子之间的相对位置改变，但金属键不会被破坏，这使得金属具有良好的延展性。同时自由电子的存在为金属的导电和传热奠定了良好的基础。关于金属的导电和传热性能，我们在后文还会详细介绍。

此外，电子的自由运动还使金属具有光泽。当光线照射到金属表面时，自由电子会吸收光线的能量并发生振动，然后又将能量以光的形式释放出来。这就使金属表面反射出与入射光相同颜色的光，形成金属特有的光泽。这就像舞者在舞台上随着音乐节奏跳跃，散发出迷人的魅力。

总之，电子就像自由的舞者，在金属材料中展现出优美的舞姿和惊人的技巧。它们帮助金属导电、导热，赋予金属独特的性质。在了解电子的舞蹈之后，我们不禁对这些微观世界的舞者充满敬意。让我们继续欣赏电子的舞蹈，探索更多关于物质的奥秘。

▶▶为什么金属能够导电？

良好的导电性是金属最重要的特性之一，使得金属材料在电子器件、电力传输、电磁屏蔽等众多领域都发挥着至关重要的作用。为什么金属能够导电呢？这个问题看似简单，但其背后的物理原理却非常复杂。下面请大家跟随我们一起来了解一下金属导电的物理原理，以及金属导电性的影响因素和应用。

我们先来看看自由电子是如何帮助金属导电的。前文介绍了金属中的自由电子可以不被原子核束缚，在金属晶体中自由移动。若在金属两端施加一个电压，此时金属中就产生了一个电场，这些自由电子就在电场力的作用下，向与电场相反的方向定向移动，从而形成电流，使金属表现出导电性，如图 7 所示，这就是金属导电的原理。电子在金属中的自由移动，就像舞者在舞台上自由穿梭，展现出优美的舞姿。

金属的特性是容易失去外层电子形成自由电子，那是不是这些自由电子在金属晶体中就有真正的自由，可以随处穿梭，完全没有阻力了呢？科学家在研究的过程中提出了很多理论去解释相应的现象，这些理论能解释部分金属的特性，但是也在部分性质上受到了限制。

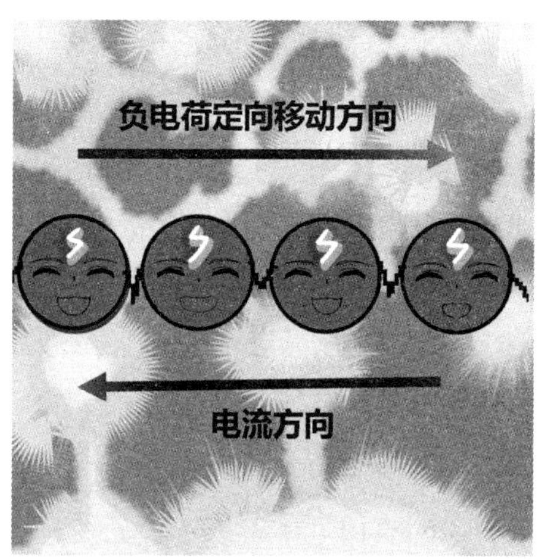

图 7　自由电子定向移动形成电流

1900 年,德国物理学家保罗·德鲁德(Paul Drude,1863—1906)将金属中的价电子看作和理想气体分子一样,提出了金属电子气体理论,他认为电子气体可以和离子碰撞,在一定温度下达到热平衡。1904 年,洛伦兹将麦克斯韦-玻尔兹曼统计分布规律引入电子气体理论,使用经典力学定律对金属自由电子气体模型做了定量计算,从而形成了德鲁德-洛伦兹自由电子气体理论,又称为经典自由电子理论。

这一理论的主要观点包括:金属中的所有价电子均

脱离原子核的束缚成为自由电子，原子核及其内层束缚电子作为一个整体形成离子实。在固定温度下，自由电子的行为像理想气体一样，金属中的正离子形成的电场是均匀的。在没有外电场作用时，金属中的自由电子沿着各方向运动的概率相同，其运动规律遵循经典力学气体分子的运动定律，电子仅和离子实之间产生弹性碰撞，忽略电子与电子、电子与离子实之间的库仑作用，金属内自由电子的分布满足麦克斯韦-玻尔兹曼统计。在施加外电场后，金属中的自由电子获得加速度，便沿着外电场方向发生定向迁移形成电流。自由电子在定向迁移过程中不断与正离子发生碰撞，使电子的迁移受阻，因而产生电阻。最终电子达到一个相对稳定的漂移速度，产生一定的电流。

经典自由电子理论成功地说明了金属导电的欧姆定律问题，但同时也遇到一些根本性的矛盾。如实际测得的电子平均自由程比经典理论估算值大，金属中的自由电子对热容量有贡献，并且其大小和振动热容量可以相比拟。但是实验上并不能察觉金属有这样一部分额外的热容量，电子比热容测量值只是经典理论值的百分之一，无法解释半导体、绝缘体和金属导电性的巨大差异，等等。上述矛盾直到量子力学和费米统计规律确立以后才

得到解决，建立了量子导电理论。

能带理论是解释固体电子结构的一个关键理论，能带理论的基本出发点是认为固体中的电子可以在整个固体中运动。但电子的运动并不像自由电子那样，完全不受任何力的作用，电子在运动过程中受到晶格原子势场的作用。所以基于量子力学的描述，电子的能级是分立的，能量被量子化形成了能级。能带理论通过这些所谓的能级分布和状态揭示材料的电子结构和物理性质。在晶体中，多个原子的共同作用使得单能级分裂为 N 个能级，看起来这些能级就像是连续分布的，被称为能带，又可以将其划分为价带、导带、禁带。导体、绝缘体和半导体中的能带结构如图 8 所示。

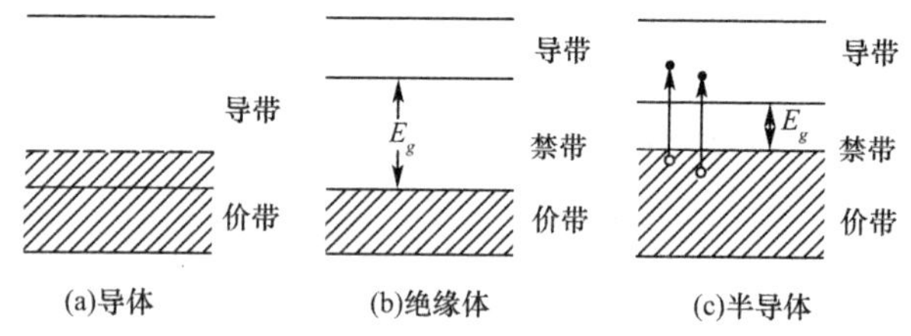

图 8　导体、绝缘体和半导体中的能带结构

价带中的电子与原子核形成了共价键或离子键。这些电子在原子之间移动相对困难，因此它们处于低能量

状态。导带中的电子具有更高的能量，因此能够自由移动，可以轻松地传导电流。导带和价带间的空隙称为禁带，能量差异称为带隙。在金属中，带隙通常很小，甚至可以忽略不计。这就意味着电子可以轻松地从价带跃迁到导带，从而参与电流传导。

量子导电理论认为，在严格周期性势场中，电子可以保持在一个本征态中，具有一定的平均速度，并不随时间改变，这相当于无限的自由程。实际自由程之所以有限，是原子振动或其他原因使晶体势场偏离周期场的结果。能带理论不仅解决了经典理论的矛盾，并且为处理电子运动及电子自由程问题奠定了新的基础。在费米统计和能带理论的基础之上，逐步发展了关于运输过程的现代理论。

不同种类的金属表现出不同的导电性能，这取决于它们的电子结构和晶体结构。以下是一些常见金属的导电性对比及它们在一些应用中的角色。铜是一种优秀的导电金属，因其低电阻而广泛用于电线和电缆制造。铜的导电性能使得电能能够高效传输，而且铜抗氧化性好，适用于户外和高温环境中的电气连接。铝也是一种常用的导电金属，虽然其电导率比铜稍低，但它比铜轻，因此在一些应用中更具有优势，如输电线路和飞机制造。此

外，铝具有良好的抗腐蚀性能。银是最佳的导电金属之一，其电导率远高于铜和铝。由于成本较高，银主要用于特殊应用，如高性能电子器件、电子连接器和高频电路。黄金也是一种极好的导电金属，其电导率接近银。黄金的化学稳定性使得它在电子器件、电接点和珠宝中都有广泛应用。铁和钢虽然不如上述金属导电性能高，但它们在建筑、汽车制造和机械工程中广泛使用。钢是一种铁的合金，可以调整其导电性能以满足不同需求。铂是一种高度稳定的金属，广泛应用于化学、生物和电化学传感器中，以及汽车排气系统中的催化转化器。钨具有极高的熔点和电导率，因此用于高温电子器件、电弧焊接电极和灯丝。

总之，不同金属的导电性能因其独特的性质而异，因此在各种应用中扮演着不同的角色。如何选择合适的金属取决于应用的需求，包括导电性、质量、耐腐蚀性和成本等方面的因素。因此，金属的导电性不仅为我们提供了高效的电能传输方式，还为现代科技和工程等领域提供了关键的材料选择。

▶▶金属如何变身为传热的巨星？

大家有没有想过，为什么金属如铜、铁、铝等除了导电以外，还总是在热传导方面表现出色呢？为什么它们可以让热量如此迅速地传递？一般来说，导电性好的材料，导热性也好，这是什么原因呢？下面我们就来一起分析一下为什么金属可以成为传热的“巨星”。

热传导是热量在温度梯度驱动下的定向输运过程。在固体中，热传导的机制可能是电子导热、声子导热、光子导热等多种。材料不同，不同导热机制所占比例也不同。金属材料主要是电子导热。金属中的原子不仅仅是旁观者，它们也参与热传导。当金属受热时原子和晶格振动加剧，导致电子吸收了热量。这些电子在金属中自由移动，就像在一场舞会上自由翩翩起舞，快速地将能量传递给周围的原子和电子，导致金属能够快速地将热量从高温区域传递到低温区域，这就是金属高导热性的体现。金属的晶格结构通常非常有序，这意味着原子之间的碰撞频繁，热量传递的效率非常高。

金属中的热传导是一种自然趋势。高温区域的分子和原子具有更高的动能，它们不自觉地向低温区域传递能量，以实现温度均衡，金属正是在这个过程中发挥着关键作用。

我们常用热导率来衡量材料的导热能力，其单位为

W/(m·K)，它的特性与材料本身的大小、形状、厚度都没有关系，只与材料本身的成分有关。不同成分的热导率差异较大。如图 9 所示为世界上十大最易导热的金属排名及其热导率数值。在金属材料中，银的热导率最高，但成本高；纯铜其次，但加工不容易。纯金紧随其后，并且是塑性最好的金属。金银材料最大的缺点就是价格太高，广泛应用不太现实。纯铜散热效果好，价格相对金银来说要低很多，不过铜也有其自身的缺点，造价高、质量大、不耐腐蚀、塑性较差等。另外铜的易氧化性是铜导热应用过程中最大的缺陷，氧化后的铜材料导热性能会大幅度下降。

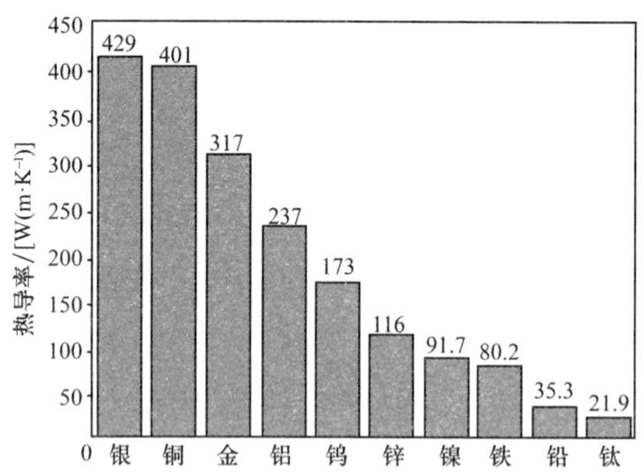

图 9　世界上十大最易导热的金属排名及其热导率数值

通常情况下合金的热导率比纯金属的热导率要低，这主要是因为合金是将两种或两种以上的金属元素混合而制备的材料，其中不同元素原子之间的相互作用会导致晶格结构变得复杂，不同金属元素之间的相互作用会导致热传导被阻碍，使得热导率降低。

金属的高导热性质使得它们在许多领域都发挥着关键作用。金属用于电子设备的散热，确保它们不会过热，这包括计算机、手机和其他电子设备。金属在工业加工中用于控制和管理温度。它们用于冷却机器、锻造、焊接和其他工艺中。电力线路通常使用铜或铝等金属导线，以高效地将电能从发电厂传输到家庭和工业设施。汽车引擎中使用金属散热器来控制引擎温度。

▶▶金属的力量之谜——塑性和韧性、强度

金属具有较好的塑形和韧性，这与金属微观结构密切相关。前面在讲述电子的结构时我们说过，金属原子主要通过正离子和自由电子之间形成的金属键结合在一起。由于金属键不具有方向性和饱和性，因而每个原子都有可能和更多的原子相结合，并趋于形成低能量的密堆结构。所以当金属受力而改变原子之间的相互位置时，不会破坏金属键的结合，这就使得金属具有良好的延

展性，通常通过机械加工只改变金属的外形而不破坏金属结构。

下面我们从材料专业的角度来分析金属的变形过程。

如图10所示为金属材料典型的拉伸曲线。从图中可以看出，*OP*阶段为金属的弹性变形阶段，此阶段内，当外力作用时材料变形，而外力消失后金属可完全恢复变形。当外加应力超过点*P*所对应的应力时，材料开始发生塑性变形。所谓塑性变形，是指当外力作用时材料变形，而当施加的外力撤除或消失后不能恢复原状而保留下来的那部分变形。拉伸曲线出现的锯齿状应力平台是屈服阶段（*BC*段），在这一阶段塑性变形就开始发生了，但是对应的应力会发生波动，变化不明显。屈服阶段后，材料继续塑性变形，在断裂前所能承受的最大应力为点*D*对应的应力，我们把它称为抗拉强度，这就是我们通常所说的材料强度性能。

金属的塑性变形与强度对构件的使用和安全运行具有极其重要的作用，是金属能够作为承载部件材料的关键参考指标，因此研究金属的塑性变形行为及其影响因素，具有十分重要的理论和工程意义。

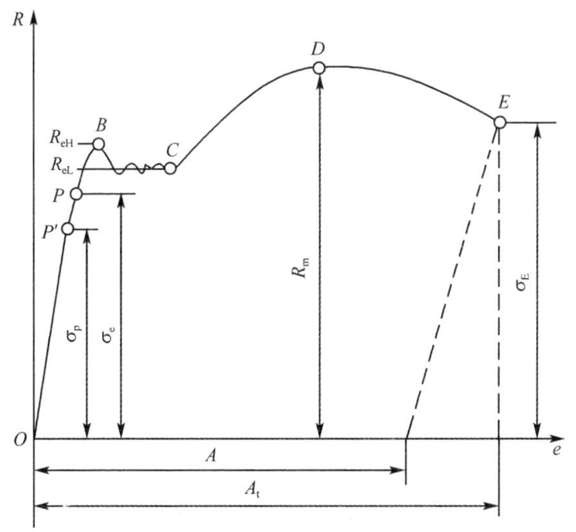

图 10　金属材料典型的拉伸曲线

σ_p—线性弹性极限强度；σ_e—弹性极限强度；σ_E—断裂强度；R_{eH}—上屈服强度；R_{eL}—下屈服强度；R_m—抗拉强度；A—断后伸长率；A_t—断裂总伸长率

想要清楚地了解金属的塑性变形行为，首先要清楚地知道发生塑性变形时，金属的微观结构发生了什么样的变化。

20 世纪 30 年代以前，塑性变形的微观机理一直困扰着材料科学家。1926 年，苏联物理学家弗兰克尔认为材料发生塑性变形时，在晶体发生滑移的滑移面上两侧的原子结合键同时断裂，而后发生刚性的相对移动。这似

乎与实际观察到的宏观现象非常相符，但是通过这种模型计算得到金属的临界分切应力值约为 0.1G，其中 G 为剪切模量。然而在实际实验时测得这些金属的临界分切应力仅为 $10^{-8}\sim10^{-4}G$，比理论预估值低了超过 3 个数量级。这说明这种刚性滑动模型是不正确的。1934 年，埃贡·奥罗万(Egon Orowan)、迈克尔·波拉尼(Michael Polanyi)和 G.I. 泰勒(G. I. Taylor)三位科学家几乎同时提出了塑性变形的位错机制理论，该理论认为，晶体变形并非一侧相对于另一侧的整体刚性滑移，而是通过位错的运动实现。与整体滑移所需的打断一个晶面上所有原子与相邻晶面原子的键合相比，位错滑移仅需打断位错线附近少数原子的键合，因此基于位错模型得到的外加剪切应力将大大降低，与实际测试结果更为吻合。科技发展至今，位错已经被实验观察和证实，如图 11 所示为钛合金中观察到的位错。位错理论在材料科学中的地位，就相当于牛顿力学在物理学中的地位，是非常重要的。

通常纯金属的强度并不很高，而我们用来制作承受较高强度部件的材料大都是合金。所谓合金，就是指由两种或两种以上的金属或金属与非金属经熔炼、烧结或其他方法组合而成的、具有金属特性的物质。前文讲到的青铜器和铁器都是合金材料。合金的强度比纯金属高很多，

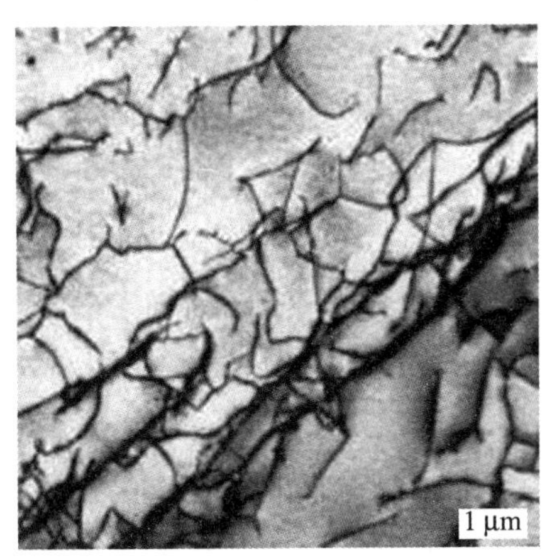

图 11　钛合金中观察到的位错

这主要是因为其中包含四种强化机制，分别是固溶强化机制、细晶强化机制、第二相强化机制和加工硬化机制。不论何种强化机制，其本质的目的都是限制位错的运行。其实这个原理也很好理解。上面我们讲道，材料的塑性变形是通过位错的运动来实现的。如果能限制位错的运动，材料的塑性变形就变得困难，材料的强度就增加了。

位错这个概念比较抽象，位错的运行听起来就更让人觉得陌生了。如果你对相关知识比较感兴趣，并愿意继续深入学习，欢迎来学习金属材料工程专业的相关课程。

▶▶金属的微观世界——性能的控制者

从17世纪后期开始，显微镜的发明和应用使得材料的研究从经验走向了科学。1863年，英国学者索拜首先采用岩相方法观察钢的抛光腐蚀表面，开启了金属材料显微组织研究的历史先河。黑乎乎的钢铁材料微观组织中存在着丰富的细节，这在当时对科学家的触动是非常大的。从此，人们开始把金属的性能同微观世界联系起来，研究其中的科学规律和影响因素，这也是我们现在可以根据性能需求设计材料的根本基础。

前面介绍了金属的原子结构和金属键，而原子的排列方式会决定晶体的结构，晶体的结构又决定着物质的性能，所以下面我们重点来介绍一些金属的晶体结构。纯金属最常见的晶体结构包括体心立方结构、面心立方结构和密排六方结构三种。

体心立方结构：原子排列为一个立方体，如图12所示。在立方体的8个顶角上各有一个与相邻晶胞共用的原子，立方体中心还有一个原子。a、b、c这三个晶格常数相等。由于立方体顶角上的原子为八个晶胞所共有，而立方体中心的原子为该晶胞所独有，因而一个晶胞中含有的原子数为两个，经过计算，其致密度为0.68。具有体心立方结构的金属有 α-Fe、Cr、W、Mo、V、Nb、β-Ti、Ta 等。体心立方结构的金属材料具有较高的韧性和延展性，因此常用于制造高强度的构件和工具。

图 12　体心立方结构

面心立方结构：面心立方结构的晶胞如图 13 所示，也为一个立方体。除在立方体的八个顶角上各有一个与相邻晶胞共有的原子外，在六个面的中心也各有一个与相邻晶胞共用的原子。与体心立方晶格一样，三个晶格常数也相等。由于立方体顶角上的原子为八个晶胞所共有，面上的原子为两个晶胞所共有，因而晶胞原子数为四个。经过计算，其致密度为 0.74。具有面心立方结构的

金属有 γ-Fe、Ni、Al、Cu、Pb、Au、Ag、Pd 等。面心立方结构的金属材料具有更好的密堆效应，从而使金属具有良好的导电性和导热性，因此，金属成为制造电线和电路的理想材料。

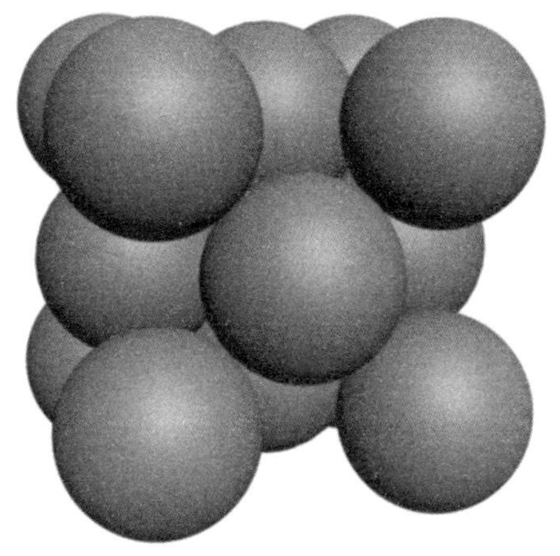

图 13　面心立方结构

密排六方结构：密排六方结构的晶胞如图 14 所示，是一个正六棱柱体。在六棱柱的 12 个顶角及上、下底面的中心各有一个与相邻晶胞共有的原子，两底面之间还有三个原子。晶格常数用六棱柱底面的高和边长表示，并且比值等于 1.633。由于六棱柱顶角原子为六个晶胞所共有，底面中心的原子为两个晶胞共有，两底面之间的三个原子为晶胞所独有，因而晶胞中的原子数为六个。具有密排六方结构的金属有 α-Ti、Mg、Zn、Be、Cd 等。这种晶体结构使材料具有良好的强度和刚性，适用于制造轻量化结构和构件。

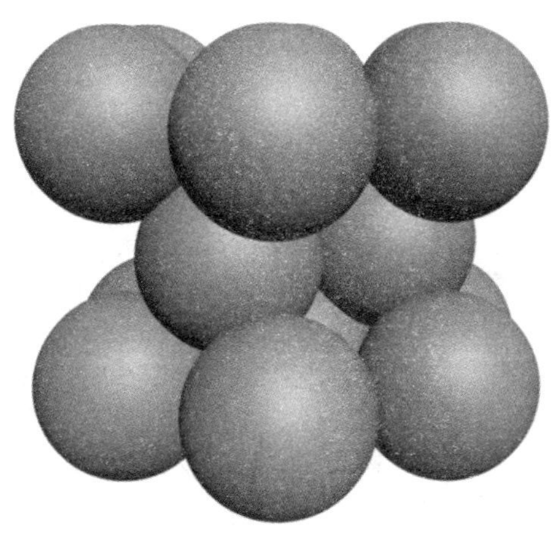

图 14　密排六方结构

上面介绍的三种晶体结构是纯金属常见的三种晶体结构，而我们实际生产生活中，使用的金属材料往往都是合金。合金可分为固溶体和中间相两类。

当合金中的一种组元相对于其他组元含量非常少

时,组成的合金晶体结构与含量较多的组元晶体结构相同,我们把这种合金称为固溶体。一般把与合金晶体结构相同的元素称为溶剂,其他元素称为溶质。根据溶质原子在溶剂晶格中所处位置的不同,可分为置换固溶体和间隙固溶体两类。置换固溶体中溶质原子占据溶剂晶格某些结点位置,而间隙固溶体是溶质原子嵌入溶剂晶格间隙所形成的,如图 15 所示。

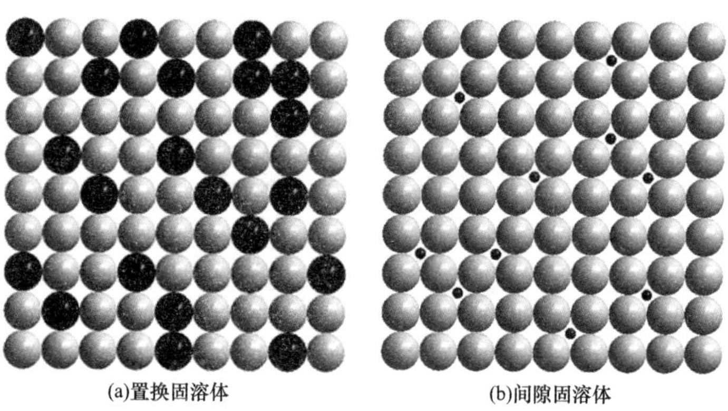

图 15　固溶体的结构

固溶体合金最明显的性能就是产生固溶强化的作用,主要是指,通过溶质的添加,固溶体合金的强度和硬度会提高,而塑性和韧性有所下降。例如,1%的金属 Ni 加入纯金属 Cu,和纯金属 Cu 相比,形成的固溶体抗拉强度由 220 MPa 提高到 390 MPa，硬度由 40HB 提高到 70HB，断面收缩率由 70%降低至 50%。此外固溶体的电阻率、电阻温度系数等物理性能也会发生改变。

中间相是指两组元组成合金时，形成了一种晶体结构完全不同于两种组元的新的物质，我们把这种合金称之为中间相。中间相包含正常价化合物、电子化合物、尺寸因素化合物等几大类。

正常价化合物常见于陶瓷材料，多为离子化合物，其结构与相应分子式的离子化合物晶体结构相同。这类化合物通常具有较高的硬度和脆性，在合金中通常弥散分布在基体上，具有弥散强化的作用。电子化合物虽然可用化学分子式表示，但不符合化合价规律，而且实际上其成分是在一定范围内变化的，可视其为以化合物为基的固溶体。电子化合物的结合键为金属键，具有很高的熔点和硬度，但脆性较大，是有色金属中的重要强化相。尺寸因素化合物具有明显的金属特性，表现出极高的熔点和硬度，但很脆，是合金工具钢和硬质合金中的重要组成相。

晶体结构与金属性能的关系在材料科学中具有重要的意义，可以帮助我们深入理解和解释金属材料的性质，

从而指导材料设计人员完成材料的设计和应用。材料的结构、制备、性能及使役行为是材料科学研究的四要素，如图16所示，也是我们从事金属材料工程中需要学习和掌握的关键所在。

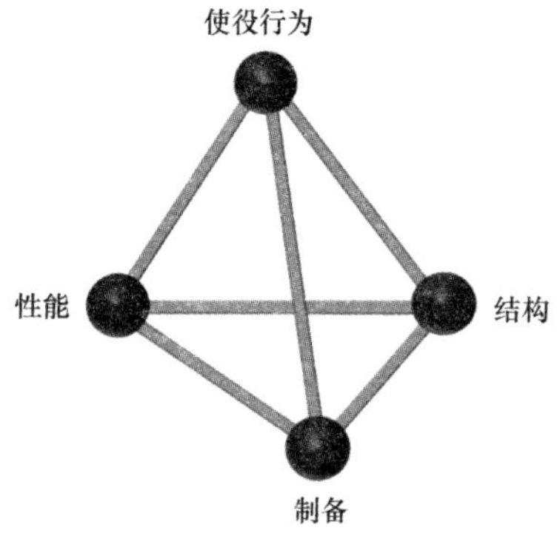

图16　材料科学研究的四要素

金属的秘密工坊

学问是经验的积累，才能是刻苦的忍耐。

——茅盾

金属，作为人类文明的基石，承载着无尽的可能性和创造力。它们崛起于古代，通过锤炼和冶炼的工艺，一步步演化成了无处不在的存在。在人类历史中，金属是一种珍贵的资源，被用来打造武器，被广泛用于建筑结构中，以及被用来制造生活必需品，为社会的发展贡献了巨大的力量。此外，金属还以其独特的美学和艺术价值赢得了人们的青睐。从古代的青铜器、铁器，到现代建筑中的不锈钢、铝合金、高温合金等，金属的质感和光泽给人们带来无尽的想象空间。它们的冷酷、稳重、坚固的特性，不仅点亮了世界的表面，也反映了人类对于稳定和安全的追求。而今，金属的角色

在人类社会中愈发重要。随着科技的进步，人们对金属的应用变得更加广泛和多样化，从汽车、飞机、通信设备到电子产品、医疗器械，金属作为现代工业的主要材料，为许多领域的发展提供了技术支持和基础，为人类带来了繁荣和进步。本部分将带你踏入金属的秘密工坊，探索金属诞生的奥秘，一览艺术与技术碰撞的风采。

▶▶金属的起源——探索金属矿石宝藏

首先，我们来探索一下金属矿石的来源和形成过程。金属矿石是在地球漫长的数百万年的历史中，通过地质作用和自然界的千锤百炼形成的。经过地壳运动、火山喷发、河流侵蚀等自然力量的作用，金属矿石逐渐从地下深处升华而出，形成了我们所熟知的矿床。这些矿床蕴藏着多种多样的金属元素，如铁、铜、铝、锌等，每一种金属都有其独特的价值和用途。此外，金属矿石也可以来自宇宙，例如陨石。

由于从矿产中提取的金属元素的不同，金属矿石的种类不尽相同。根据其物质成分、性质及用途，金属矿物可划分为黑色金属矿物、有色金属矿物、贵金属矿物、轻金属矿物、稀有金属矿物等。例如，黑色金属矿物中主要含有铁、锰、铬、钛、钒和钛等，有色金属矿物主要包含铜、锡、铅、锌、镍、钴、钨、钼、铋等，贵金属矿物主要有铂、铑、金、银等，轻金属矿物主要有铝和镁，稀有金属矿物主要有锂、铍、稀土等。我国是全球最大的稀土储备国，拥有世界上将近 2/3 的稀土产量，大部分来源于包头。

金属矿物作为地球上宝贵的资源之一，在人类社会的发展中发挥了重要作用。它们种类繁多，各具特色，为人们带来了丰富的物质财富。铁矿石是其中最为重要的一类，广泛应用于钢铁制造、建筑材料等众多领域。铜矿石在电子、通信、电力传输等行业中扮演着重要角色；铝矿石则被广泛用于航空、汽车等领域，因其轻巧、耐腐蚀等特性备受青睐；钛矿石是航空航天领域用金属的原材料；锂矿石是新能源领域的重要材料，用于电池、电动车等领域；另外，还有一些稀有金属矿物，例如钨矿石被广泛应用于航空航天、武器装备等领域，因其高熔点、高密度等特性而备受赞誉。下面介绍几种人类文明发展史上典型金属的特点及相应的金属矿石。

铜(Cu)：密度为 8.92 g/cm^3，熔点为 1 084.62 ℃，沸点为 2 560 ℃。纯铜是柔软的金属，表面刚切开时为红橙色带金属光泽，单质呈紫红色；延展性好，导热性和导电性高，因此是电缆和电气、电子元件中最常用的材料。铜

合金主要包括黄铜、青铜和白铜三类，机械性能优异，电阻率低。铜是人类最早使用的金属之一。早在史前时代，人们就开始采掘露天铜矿，并利用所获得的铜制造武器、生产及生活器具等。铜的使用对早期人类文明的进步影响深远。铜是一种存在于地壳和海洋中的金属，在地壳中的质量分数约为 0.01%，而在一些铜矿中，铜的质量分数可达 3%～5%。自然界中的铜都是以化合物（铜矿石）的形式存在的，铜矿石与矿物聚合形成铜矿，我国铜矿资源分布非常广泛，主要在云南、四川、贵州、内蒙古等地区。

铁（Fe）：密度为 7.86 g/cm^3，熔点为 1 538 ℃，沸点为2 861 ℃，是一种银白色有光泽的金属，具有良好的导电性、导热性、延展性和铁磁性。铁的最重要用途是冶炼钢和合金，是特种合金钢的重要组成部分，而少部分的铁以铸铁和生铁的形式应用。铁是地壳中丰度第四大的元素，人们认为地球的核心主要是由铁构成的。在地壳中存在的单质铁是极为少见的，多以化合态出现，许多矿物由于含有铁化合物而呈现特有的颜色。铁矿种类较多，现已探明的含铁矿物有 300 多种，其中主要矿物有磁铁矿、赤铁矿、钛铁矿、褐铁矿、菱铁矿等。我国拥有极其丰富的铁矿石资源，已探明的铁矿石储量在全球排名第五，主要分布在辽宁、河北、四川、山西、安徽、云南等地区。

铝(Al):密度为 2.702 g/cm^3,熔点为 660.323 ℃,沸点为 2 519 ℃,是一种银白色轻金属,有延展性,且活性高,在潮湿空气中能形成一层防止金属腐蚀的氧化膜;具有良好的导电和导热性能、高反射性和抗氧化性。铝在地壳中的含量仅次于氧和硅,居第三位,是地壳中含量最丰富的金属。铝及铝合金的独特性能使其在航空、建筑、汽车三大重要工业中得到了广泛应用。铝主要以铝硅酸盐矿石存在,还有铝土矿和冰晶石;其稳定化合物是三氧化二铝,如自然界中存在的刚玉,常用来制作一些轴承,制造磨料、耐火材料。我国铝矿的储备主要分布在山西、河南、贵州等地区。

钛(Ti):密度为 4.5 g/cm^3,熔点为 1 670 ℃,沸点为 3 287 ℃,是一种银白色的过渡金属,其特征为质量轻、强度高,具有金属光泽,且耐海水腐蚀性能强。钛及钛合金大量用于航空航天领域,有“空间金属”之称;另外,在极地深海、化学工业、高端机械装备、电信器材、生物医用、硬质合金等方面有着日益广泛的应用。钛在自然界中存在分散且难以提取,但含量丰富,在所有元素中居第十位。钛的矿石主要有钛铁矿和金红石,广布于地壳及岩石圈之中,同时也存在于几乎所有生物、岩石、水体及土

壤中。钛最常见的化合物是二氧化钛，可用于制造白色颜料。我国钛矿资源总量居世界之首，主要集中在四川、云南、广东、海南等地区，其中攀西地区是我国最大的钛资源基地。

在古代，人们对金属矿资源的需求主要集中在几种常见的金属矿石上，如铜、铁、银、金等。这些矿石在古代社会中被广泛应用于武器、工具、装饰品等领域，对于统治者的权力、经济和社会地位具有重要的象征意义。古代对金属矿资源的开采通常与地形地貌和地质条件息息相关。人们在寻找金属矿石时，往往依据地表的矿脉、矿石泉眼和地下水流等现象进行推测，然后使用原始的工具和技术进行开采，包括锤子、铲子、镐子等简单而有效的工具，用以开采金属矿石并将其运输到地面。由于古代技术和设备的限制，这些矿井往往非常狭窄，工作环境恶劣，需要耗费巨大的劳动力才能开采出有价值的矿石。古代社会金属矿资源被视作国家财富的象征，因此它的开采和管理往往是由国家或皇室来掌控，不仅反映了当时人类社会的科技水平和经济状况，更展示了人们的智慧和勇气。

而在当下，对金属矿的开采是一个关键的工业领域，它对于国民经济的发展和矿产资源的有效利用起着重要作用。随着科技的不断发展和创新，现代开采技术不断提升，传统的手工开采逐渐被自动化和智能化设备所取代，这些设备能够更加精细地控制采掘过程，提高效率和降低成本。例如，采用先进的矿山设备和机械化作业，可以加快矿石的提取速度，减少人力劳动，并且提高安全性。同时，利用现代化仪器设备和数字化技术，可以实时监测矿石状况和矿床储量，从而更好地进行开采规划和资源管理。此外，现代开采技术也在环保方面作出了一定的贡献。对于一些有害物质和废弃物，现代技术可以采用更加环保的方式进行处理和清理。例如，利用生物技术可以将有害物质转化为无害物质，减少对环境的污染；运用先进的能源技术，可以减少能源的消耗和废气的排放。这样不仅可以保护周围环境，也有利于提高矿山的可持续开发。然而，现代开采技术也面临一些挑战。一方面，金属矿资源的逐渐枯竭使得开采难度加大，需要采用更加复杂的技术和方法进行开采；另一方面，矿石的地质条件和地下环境也对开采造成了很大的压力。例如，一些金属矿产位于深水域或高海拔地区，给开采带来了极大的困难。因此，开采技术要不断创新和改进，以适应不同的开采环境和条件。

▶▶金属的魔法炼制过程

人类使用金属的历史最早可以追溯到新石器末期,人类首先发现了两种金属——金和铜,它们的化学性质稳定,在自然界中可以以单质形式存在,当时主要用于装饰品。在土耳其恰约尼遗址,曾出土过以铜矿为原料的钻孔珠、扩孔锥和大头针,这是迄今所知最早(公元前700年)的纯铜器,它们只是通过最原始的冷加工方法将自然铜制作成小件的饰品或者器具。然而,天然存在的单质毕竟是少数,更多的金属元素存在于化合物中。于是,不同的人类文明不约而同开始了相同的文明进程——冶炼。

人类首先通过烧制陶器积累了一些高温炼制的经验,偶尔将一些颜色鲜艳的铜矿石投入熔炉,可能会得到一些形状不规则的铜块,再经过一段时间尝试,人们就逐渐掌握了冶炼金属铜的方法。中华文明是世界上已知的第一个掌握铜冶炼技术的文明,最早的冶炼铜发现于中国的陕西姜寨遗址,为冶炼黄铜片及黄铜圆环,这是冶炼黄铜矿石得来的。从冶炼铜矿石获得粗铜到纯铜,人类又经历了相当漫长的一段摸索时光。冶炼时,将铜矿石混合物(主要是孔雀石)附着在燃料(木炭)上,木炭在空气流动慢(氧气不足)的情况下燃烧,产生一氧化碳,铜矿中的铜被一氧化碳还原为单质铜。这是冶炼中的主要反应,随着温度的升高,矿物中所含的杂质如氧化物、硫化物形成不同颜色的烟气而挥发出去,这就是“精炼成功”。

由于纯铜硬度低,并不太适合于制作生产工具,后来,人们就有意识地在炼制铜矿石时掺入其他矿石,以制成铜的合金来提高工具的硬度。青铜是红铜(纯铜)与锡或铅的合金,因为颜色青灰,故名青铜,熔点在 700～900 ℃,比红铜的熔点(1 083 ℃)低。中亚的美索不达米亚文明是世界上已知的最早掌握青铜冶炼技术的文明,出土了公元前 4000 年的冶炼青铜器,标志着人类初步踏入了青铜器时代的门槛。

与青铜器时代相同,铁器时代是人类发展史中另一个极为重要的时代。然而,人类在自己脚下的岩石里找到钢铁,花了几千年时间。公元前 2500 年左右,有部落成员发现了隐藏在地下的金属来源。但铁与石头和矿物混合在一起,提取铁矿石并不像捡起一块金或银那么简单,学会挖掘铁矿石之后,人类又花了近 700 年的时间,才弄清楚如何将金属与矿石分开。此时,青铜器时代才真正结束,人类正式迈入了铁器时代。

铁器取代青铜器，首先在于铁矿比铜矿更多、更容易获得；其次是因为铁器不但坚硬，还有韧性，不易折断。但为什么人类直到铁器使用了一二千年之后，才用它替代青铜器呢？主要是铁的熔点高、冶炼技术更复杂。现在我们知道，炼铁就是把含铁的铁矿石放进炼铁炉里，然后用木柴、木炭或煤炭作为原料和还原剂，把铁矿石中的氧化铁还原成铁。炼铁的主要原料是铁矿石、焦炭、石灰石、空气。铁矿石是铁的来源，焦炭具有供给热和生成还原剂一氧化碳的功能，石灰石用来制造炉渣，把熔炼产生的铁和杂质分离出来。古人用这种最基本的冶炼方法，通常会得到两种铁。在比较低矮的炼铁炉中，冶炼温度比较低，炼出来的是比较疏松的海绵铁，这种海绵铁叫作块炼铁。块炼铁经过锻打，挤掉渣滓成为熟铁。在高大的炼铁炉中，冶炼温度比较高，炼出来的是另一种铁，称为生铁。在大约公元前 2000 年，人类才终于掌握了高温炼铁技术，在这之前，人类是没有办法把生铁从铁矿石中提取出来的。

到了西汉后期，金属冶炼史又出现一次重大的技术革新，那就是炒钢法。生铁中碳质量分数高，含硅、磷、硫等杂质元素多，塑韧性差，机械性能低，应用范围受限。想要改善生铁的缺陷，提高其使用价值，就必须在高温下，通过所谓炒钢把生铁加热到熔化后不断搅拌，不断搅拌可以利用空气中的氧把生铁中的碳和杂质氧化去掉一些，从而得到获得所需要的成分和性能，也就是炼钢。在此之前，工匠在炼制渗碳钢的过程中，发现反复加热捶打，次数越多钢件越坚韧，于是便发展出了百炼钢工艺。百炼钢的成分均匀化，夹杂物减少，钢的质量显著提高，可以说是我国古代钢铁材料中质量最高的品种。由于炒钢工艺过于复杂，东汉时期又出现了一种新的炼钢工艺——灌钢法。灌钢法是将生铁和熟铁一起冶炼，将高碳量的生铁汁浇灌到红热的低碳量的熟铁中，相互融合混合，使两者都成为钢。灌钢法大大提高了钢的产量，推动了古代社会的发展。

炼钢先炼铁，钢从生铁而来，钢铁的炼制工艺更加复杂多样化，一直以来都是现代工业生产中至关重要的一环。钢铁作为一种重要的工业结构材料，其质量和性能直接影响着各行各业的发展。钢铁冶炼过程主要分为高炉冶炼和转炉冶炼两种方式。在高炉冶炼中，通过将原料放入高炉中，加热炼化得到生铁，然后再通过转炉或电炉进行精炼，最终得到钢铁产品。而在转炉冶炼中，原料直接放入转炉中进行冶炼，通过吹氧、加料等方式进行调控，以达到所需的冶炼效果。冶炼工艺的关键在于精确

控制和调节各个环节的参数。温度、时间、添加剂的用量等因素都会直接影响冶炼的效果和成品的质量。因此，工艺工程师需要对工艺流程进行全面的规划和优化，以确保最终产品的质量符合要求。此外，环境保护也是钢铁冶炼工艺关注的重点，工艺工程师需要采取适当的措施，如安装废气处理设备、废水处理设施和固废处理设备，以减少对环境的影响。

随着科学技术的不断进步，金属冶炼技术也在不断发展。现代冶金技术包括电解法冶炼、熔盐法冶炼、溶剂萃取法冶炼等。这些新技术使得金属冶炼更加高效、环保和可持续。同时，人们还不断开发新的金属合金，如应用最为广泛的铝合金、钛合金等。其中，铝合金具有密度低、力学性能佳、加工性能好、无毒、易回收、导电性好、传热性好及抗腐蚀性能优良等特点，在船舶（如船体外壳、水泵壳体）、化工（如气缸、活塞）、航空航天（如飞机机翼）、金属包装（如铝箔器皿）、交通运输等领域广泛使用。钛合金是航空航天工业中使用的一种新的重要结构材料，有“空间金属”之称，其相对密度、强度和使用温度介于铝和钢之间，并具有优异的抗海水腐蚀性能和超低温性能。1950 年美国首次在 F-84 战斗轰炸机上用钛合金制作后机身隔热板、导风罩、机尾罩等非承力构件。20 世纪 60 年代开始钛合金在军用飞机中的用量迅速增加，达到飞机结构质量的20%～25%。20世纪70年代起，民用机开始大量使用钛合金，如波音747。美国SR-71高空高速侦察机中钛合金用量占飞机结构质量的93%，号称“全钛”飞机。当航空发动机的推重比从4～6提高到8～10，压气机出口温度相应地从200～300 ℃增加到500～600 ℃时，原来用铝制造的低压压气机盘和叶片就必须改用钛合金，或用钛合金代替不锈钢制造高压压气机盘和叶片，以减轻结构质量。此外，航天器主要利用钛合金的高比强度、耐腐蚀和耐低温性能来制造压力容器、燃料储箱、紧固件、仪器绑带、构架和火箭壳体；人造地球卫星、登月舱、载人飞船和航天飞机也都使用钛合金板材焊接件。

▶▶金属的铸造

铸造是人类掌握比较早的一种金属热加工工艺，已有约6 000年的历史。中国在前1700—前1000年已进入青铜铸件的全盛期，工艺上已达到相当高的水平。铸造是将液体金属浇铸到与零件形状相适应的铸造空腔中，待其冷却凝固后，以获得零件或毛坯的方法。古代艺术品的铸造工艺大多采用“联合形式”，即在同一件青铜器上，往往采用不同的工艺方法，这种现象的科学解释是

由于受到当时的工艺条件和环境限制，只能对构造复杂的青铜制品进行分期加工。商朝晚期的四羊方尊由于其精湛绝伦的青铜铸造工艺，被人们称为陶范法的巅峰之作，是中国青铜铸造史上最杰出的作品。到了两汉时期，由于冶金技术的提升，一体化的铸造工艺就成了主流，典型的有砂型铸造、泥型铸造等。

而到了当今社会，金属铸造工艺种类繁多，根据不同的方法和技术，金属铸造工艺可以有多种分类。首先，根据铸造材料的状态，金属铸造可以分为砂型铸造、金属模铸造、压铸和低压铸造等。砂型铸造是一种常见的铸造工艺，它利用砂型作为模具，将熔化的金属倒入其中，待金属冷却凝固后，得到所需的铸件；金属模铸造是一种利用金属模具进行铸造的工艺，它可以用于生产高精度和复杂形状的铸件；压铸和低压铸造是利用压力将熔融金属注入模具中的工艺，其中压铸适用于生产大批量的高精度铸件，而低压铸造则适用于生产大型铸件。其次，根据金属的熔化方式，金属铸造可以分为火焰熔化铸造、电弧熔化铸造和激光熔化铸造等。火焰熔化铸造是利用火焰或火花将金属加热至熔化状态，再进行铸造的工艺；电弧熔化铸造则是通过电弧将金属加热至熔化点，再进行铸造的工艺；而激光熔化铸造是利用激光将金属进行局部加热，达到熔化的状态，并通过激光束进行铸造的工艺。最后，根据铸造过程中模具的形状和结构，金属铸造还可以分为砂型铸造、金属型铸造和陶瓷型铸造等。砂型铸造是一种常见的铸造工艺，使用砂型作为模具；金属型铸造则是使用金属模具进行铸造的工艺，适用于生产批量大、尺寸稳定的铸件；陶瓷型铸造是一种特殊的铸造工艺，使用陶瓷作为模具，适用于生产高温合金的复杂形状铸件。不同分类方法和技术的出现，丰富了金属铸造工艺的应用领域，并推动了相关行业的发展和进步。

▶▶金属的锻造

与铸造相对应的是锻造，中国的锻造工艺同样历史悠久，可以追溯到 3 000 多年前的商朝时期。商朝时期的铜器已经能够达到非常高的艺术水平，大都通过铸造和锻造的方式制作而成。春秋战国时期，中国古代的锻造技术得到了进一步的发展，其中最重要的一项技术是钢的制造。由于钢具有非常高的硬度和强度，在制造时需要经过多次加热、锻打、淬火等复杂的工艺过程，因此需要精湛的技术和丰富的经验。至魏晋南北朝时期，中国古代的锻造技术逐渐趋于成熟。这个时期的铁器在设计上更加注重美感和实用性，同时锻造技术也得到了进一

步的改进，其中极重要的一项技术是锻造时的冷却技术。锻造时需要不断地加热和冷却，以使铁器的内部结构更加均匀、致密。这项技术的应用使得铁器的质量得到了极大的提升。唐宋时期，由于钢的制造技术得到了大幅度的提高，一项新的工艺也随之孕育而出，那就是唐横刀，但是由于当时日本与唐朝交流频繁，且当时唐朝正处于鼎盛时期，毫不吝啬地将横刀制造工艺传授给了当时的日本使者，导致这一项技术流传至日本，从而演变为日本的武士刀。元明清时期，中国的锻造技术进一步发展和壮大。在这个时期，铁器的制作已经成为一个行业，并且与宗教、文化、军事等领域密切相关；铁器的种类也越来越丰富，包括刀剑、器皿、雕塑等。在技术方面，这个时期的锻造技术得到了进一步的提升，铁器的质量和工艺水平更加出色，成为中国古代工艺美术的杰作之一。

随着科技的不断进步和发展，锻造技术作为金属加工领域中的一项重要工艺，也在不断地更新和演变，为各行各业提供了更加高效、精确和可靠的锻造解决方案。锻造类别也多种多样，主要包括如下几种方式：

➡➡传统锻造技术

传统锻造是最早的锻造方式，也是现代锻造技术的基础，主要包括锤锻、压力锻和自由锻。锤锻是一种利用锤头对金属进行敲打、改变其形状和结构的方法；压力锻是通过将金属放置在压力机内，施加压力使其形成所需形状的方法；自由锻则是利用自由锻锤对金属进行锻造，适用于大型零件的加工。

➡➡热锻技术

热锻是指在金属加工过程中，将金属材料加热至一定温度区间进行锻造，主要包括热压锻和热精锻两种方式，能够显著改善金属的塑性和加工性能，使其更容易塑造成所需形状。

➡➡冷锻技术

与热锻相反，冷锻是在室温下对金属材料进行锻造，主要包括轮毂锻造、牙轮锻造等，适用于高强度和高硬度材料的加工，能够保证材料的力学性能和尺寸精度。

➡➡粉末冶金技术

粉末冶金是一种利用金属粉末进行加工和制造的方法，常用于制造复杂形状或高性能零部件。在粉末冶金技术中，金属粉末经过混合、压制和烧结等工序，最终形成所需形状的零件。

➡➡数控锻造技术

数控锻造是利用计算机数字控制技术对锻造设备进行控制和操作的一种现代化锻造技术；通过数控系统的精确控制，可以实现复杂形状的锻件加工和生产，大大提高了锻造效率和精度。

▶▶金属材料先进制备技术

当下，随着金属材料应用领域的不断拓展，金属材料先进制备技术也取得了长足的进展，这些技术不仅增加了金属材料的力学性能和耐久性，还推动了制造业的发展和创新。在此，主要介绍四个主流的先进制备技术。

➡➡粉末冶金技术

通过将金属粉末压制成所需形状，再进行高温烧结，最终制备成具有一定密度和强度的零件。粉末冶金技术可以制备出复杂形状的零件，并且具有材料利用率高、成本低、性能优异等优点。该技术被广泛应用，应用范围不断扩大，包括高速钢、硬质合金、高温合金、钛合金等。典型实例应用就是航空航天发动机和重型燃气轮机的涡轮盘。随着发动机对耐高温和使用寿命的要求逐渐提高，涡轮盘已由变形高温合金锻造盘发展到第四代粉末涡轮盘，工作温度可达 815 ℃，并且还具有强度高、损伤容限大的性能特点。

➡➡快速凝固技术

快速凝固是一种能够实现快速冷却的金属制备技术，其通过提高冷却速度来增加材料的强度和韧性。快速凝固技术制备出的金属材料具有晶粒细小、组织均匀、性能优良等优点。该技术已被广泛应用于航空航天、汽车、电子等领域。例如，以快速凝固耐热铝合金替代钛合金在飞机和导弹上应用，可以明显地减轻飞行器质量、降低成本；以飞机零部件为例，实现以铝代钛，可以减轻质量 15％～25％，降低成本 30％～50％，提高运载量 15％～20％，经济效益十分可观。

➡➡增材制造技术

增材料造俗称 3D 打印，是一种基于数字模型的金属制备技术，利用高能密度的激光束，通过逐层堆积金属粉末来实现材料的制备。这一过程可以制备出高密度、高强度和高精度的金属部件。该技术的出现不仅提高了金属材料的制备效率，同时也拓宽了金属材料的应用范围，已被广泛应用于航空航天、汽车、医疗等领域，使得定制化和个性化生产成为可能。采用增材制造技术时，直接用计算机三维设计的图形数据制造出形状复杂的零件，

大大缩短了产品的研发周期，提高了生产率且降低了生产成本。另外，与传统的“减材”加工相比，增材制造技术大大减少了材料浪费，例如采用增材制造技术制造涡轮机的涡轮叶片时使用的原材料仅是传统减材技术的三分之一，同时还可以制造出传统生产技术难以实现的复杂外形或内腔结构。

➡➡纳米材料制备技术

该技术在现代科技领域中备受关注，被广泛应用于多个领域，如电子、生物医学、能源、体育等。例如二氧化钛和氧化锌等纳米颗粒被添加到防晒霜等化妆品中，这些微粒能够吸收和散射可见光，并阻挡紫外线；碳纳米管或二氧化硅纳米粒子等纳米材料被应用于运动器材（高尔夫球杆、滑板、网球拍和运动自行车等）以提高性能。制备方法主要有溶胶-凝胶法、热氧化法和化学气相沉积法等，在科学研究和工程应用中发挥着重要的作用。通过精确控制纳米材料的尺寸、形貌和结构，可以实现对纳米材料特性的调控，从而拓展纳米材料的应用领域。纳米材料制备技术的不断创新和进步，将为科学研究和工程领域带来更多的机遇和挑战。

金属材料工程的大舞台

刻苦从事科学事业，为了革命的需要，为了党和人民的利益。

——王大珩

金属材料工程是一个充满激情和机遇的舞台。在这个舞台上，人们通过深入研究和探索金属材料的特性和应用，为现代社会的稳定发展作出了重要贡献。金属材料工程涉及众多领域和行业，从航空航天到汽车工业，从建筑结构到电子制造，从医疗器械到能源领域，无处不见金属材料工程的身影。无论是制造工艺的创新，还是新材料的开发，金属材料工程带动着现代工业的不断前进和技术的更新换代。

▶▶基础设施建设中的金属材料工程

在基础设施建设中，金属材料工程起着至关重要的作用。下面从以下五个方面来展现金属材料工程在基础设施建设中的应用和重要性。

➡➡结构材料

在基础设施的结构构件中，如桥梁、建筑物和道路等，金属材料的应用极为广泛。其中，钢材、铝合金和钛合金等具有优异的强度和耐久性，能够承受重载和抗自然灾害，可确保基础设施的安全和可靠性。例如，为适应恶劣的气候条件（我国西部和南海），专门研发出了耐候钢，也称为耐大气腐蚀钢，通过添加少量的合金化元素在合金表面形成一层致密且稳定的氧化物保护膜，阻碍了大气中腐蚀介质的进入，具有优异的抗大气腐蚀能力；同时，这种氧化膜呈现特殊的红褐色，赋予建筑物或结构工程独特的外观和质感；此外，它还具有较高的强度，能够承受较大的外加载荷，在桥梁、建筑物、船舶、汽车、铁路车辆和矿山设备等领域得到了广泛应用。

➡➡耐腐蚀材料

金属材料在海洋、化工和污水处理等环境中容易受到腐蚀，因此，耐腐蚀材料的选择至关重要。不锈钢、镀锌钢和镍基合金等具有良好的耐腐蚀性能，能够延长基础设施的使用寿命。304 不锈钢是一种最为常见且多功能的不锈钢材料，具有良好的耐腐蚀性能、力学性能和适应性，被广泛应用于许多领域。由于它具有耐腐蚀性、易清洁性和食品安全性，可制作厨房用具，包括锅碗、炊具和厨房水槽等；用作室内和室外建筑装饰，如栏杆、扶手、门把手、门窗框架等，提供耐腐蚀性和现代感的外观。由于具有抗菌性、防腐性和易于清洁的特点，用于制作医疗设备和器械，如手术器械、外科器械和医疗存储设备；用于制作储存罐、管道、输送系统和反应器等设备，满足食品和药品安全性的要求。由于具有良好的耐腐蚀性和抗氧化能力，适用于汽车车身零部件、排气系统和装饰件等。由于对水中的腐蚀性物质具有良好的抵抗能力，用于制作水处理设备，如水泵、管道和储存罐等。

➡➡导电材料

金属材料是优秀的导电体，广泛应用于电力输送和通信设施。铜线、铝线和银材料等被用于输电线路、电缆和电子设备中，确保电力和通信的高效传输。例如，铜导线被广泛用于输电线路和电力分配系统中。在电力传输过程中，铜导线能有效地传输电能，并且能够承受高电流

和高温，常被用于连接电子元件的线路板上，它们通常以铜箔的形式存在于印刷电路板的表面，用于传输电力和信号；用于各种类型的电缆和连接线中，如电源线、数据线、网络线和音视频线等都使用铜导线作为传输介质；用于制造各种电子元件，如电感线圈、变压器线圈和电位器线圈等；还可以用于制造散热器和散热模块。高铁接触网线及铜合金如图 17 所示。

图 17　高铁接触网线及铜合金

➡➡热工材料

金属材料在温度变化和高温环境下具有稳定的性能，例如，耐高温合金用于燃气轮机、航空发动机和炉内部件，能够满足极端温度条件下的高强度和耐久性要求。其中应用最为广泛的就是 GH4169 高温合金，其在高温环境下表现出色，可在 600～700 ℃的温度范围内保持良好的强度和韧性;同时还具有优异的抗氧化性能,能够抵御氧化、腐蚀和热疲劳等不利环境因素,以及良好的可加工性和可焊性,可通过各种常见的金属加工工艺进行成型和加工。由于其卓越的性能,GH4169 广泛应用于航空航天领域,包括喷气发动机涡轮盘及环锻件、涡轮叶片、燃烧室组件和导弹发动机涡轮盘等。它还被用于能源行业,例如石油和天然气开采中的高温、高压环境,以及化工工业中的反应器、催化剂和腐蚀性介质的处理装置等。

➡➡化学反应材料

金属材料广泛应用于化学工业和储存设施中。例如,不锈钢和镍基合金用于储存罐、管道和化工反应器,能够抵抗化学腐蚀和高温条件下的化学反应。这类不锈钢需要具有更高的耐不同介质的腐蚀能力,其中 S30615 双相不锈钢的耐腐蚀性能比普通的 304 不锈钢更强,能够抵抗多种化学物质的腐蚀,如酸、碱、盐等;同时,还具有高强度和良好的可加工性能,能够承受较大的压力和温度变化。

金属材料的发展在基础设施建设中意义重大。通过研究和创新,会不断开发出新型金属材料和合金,以满足基础设施建设对材料性能和可持续性的要求,提高基础

设施的安全性、可靠性和耐久性。

▶▶现代交通工具中的金属材料工程

现代交通工具中的金属材料工程在实现安全、高效和节能的交通运输方面起到了关键的作用。以下是一些金属材料工程在不同交通工具中的应用。

➡➡铝合金

铝合金具有密度低、力学性能佳、加工性能好、无毒、易回收、导电性好、传热性好及耐腐蚀性能优良等特点，在船舶、化工、航空航天、金属包装、交通运输等领域广泛使用。铝合金是制造飞机的主要材料，与制造汽车用的软钢比较起来，密度约是软钢的三分之一，尽管二者强度相差不大，但对飞机来说，材料轻是最主要的，而且耐腐蚀性较强，加工也方便。铝合金应用于船舶行业，可以使船的整体质量减轻，有利于船舶行驶速度的提升，并能抵抗海水对船舶的腐蚀。

➡➡钢材

钢材是交通工具中最常用的金属材料之一，它具有高强度、耐腐蚀性和良好的可塑性，适用于制造车身、底盘、车轮和引擎等关键部件。钢材的不同合金化和处理方式可以满足不同交通工具的需求,如高速列车、汽车和船舶等。车轴钢作为高速列车的关键部件之一,对其力学性能有着严格要求。首先,车轴钢需要具备足够的强度,以承受列车运行过程中产生的巨大载荷和冲击力,确保行车安全。其次,车轴钢还需要具备较高的硬度,以提供足够的抗磨耐久性,抵御轮轨间的摩擦和磨损。最后,韧性和塑性也是车轴钢的重要性能要求之一,高的韧性和塑性能够使列车在遇到外力冲击时具备缓冲能力,防止断裂事故的发生。这些力学性能的满足将保证车轴钢的可靠性、耐久性和安全性。

➡➡镁合金

镁合金比铝合金轻10%左右,使用镁合金可以减轻交通工具的质量,提高运行效率和能源利用率;同时具有良好的机械性能,是目前公认的轻量化材料中强度与质量比最好的材料之一;此外还具有良好的加工性能和优异的耐蚀性能。随着汽车工业的不断发展,车辆越来越重,给燃油经济性和车辆操控感带来了较大的影响。镁合金作为一种轻质高强度的材料,在汽车行业得到了广泛应用。在汽车的制造过程中,使用镁合金可以减轻车身质量,提高燃油经济性,增强车辆的稳定性和驾驶操控感。航空航天工业对材料的轻量化要求尤为严格,镁合

金的轻质高强度特性正好满足了这一要求；目前，许多飞机的螺旋桨、发动机壳体、座椅骨架等部分均采用镁合金制造。自行车是一种受欢迎的交通工具，而且对质量也有要求，镁合金可以替代传统的钢铝材料制造自行车车架、车轮等部件，由此制造的自行车更轻便、更耐用，可以提高骑行的舒适度和效率。

➡➡钛合金

钛合金具有高强度、低密度和耐腐蚀等优异特性。在航空航天领域，钛合金常用于制造飞机结构、发动机零部件和航天器的外壳，它还用于高速列车、赛车和自行车等领域。TC4(Ti-6Al-4V)钛合金应用最为广泛，其高强度和低密度使得飞机更加轻便，燃油效率更高，同时具备更好的耐腐蚀性能，能够适应恶劣的空气环境。此外，TC4 钛合金的高强度和低密度能够减轻车身质量，提高汽车性能，同时具有耐热、耐磨等特点，能够满足汽车在复杂工况下的使用要求。

➡➡铜合金

在电气和电子领域，铜合金广泛应用于交通工具的电气系统、电池和电线等部件。铜合金具有优异的导电性能、耐腐蚀性和可塑性，能够提供稳定和高效的电力传输。在高铁领域，高强度铜合金通常用于制造高铁接触网中的导线和线杆等关键部件。这些高强铜合金具有良好的机械性能和导电性能，能够满足高铁系统的要求。作为导线，需要具有较高的强度和硬度，能够抵抗列车行驶时的拉力和振动，保持导线的稳定性和可靠性；作为线杆，需要具有较高的强度、刚性和耐久性，能够承受高铁系统的载荷和外部环境的影响；作为接头，需要提供良好的导电性能和机械强度，确保接头的可靠连接和传输效率。

金属材料工程在现代交通工具中发挥着重要的作用，通过使用不同的金属材料来达到轻量化、强度提升、耐腐蚀和节能等目标，为交通工具的设计和制造提供可靠性和创新性。

▶▶前沿领域中的金属材料工程

在前沿领域中，金属材料工程正不断发展和创新，以应对不同行业的需求和挑战。以下是一些前沿领域中金属材料工程的应用和进展。

➡➡超高强度金属合金

为了提高材料的强度和耐用性，研究人员正在开发

新型超高强度金属合金，例如屈服强度超过 2.0 GPa 的新一代超高强度钢，其设计理念打破了几十年来高性能超高强钢研究的传统学术思路，在实现合金超高强度的同时也确保了塑性。这些金属合金将在航空航天、交通运输、先进核能及国防装备等国民经济重要领域中发挥支撑作用，而且也是未来轻型化结构设计和安全防护的关键材料。

➡➡纳米结构金属材料

通过纳米技术和材料工程手段，金属材料的结构可以被精确控制到纳米尺度。纳米结构金属材料是现代纳米科学的热门研究领域。先进的材料分析技术（如像差校正透射电子显微镜和三维原子探针断层成像）极大地促进了纳米结构金属材料中相的精细调控。相尺寸、相分布和相变的设计可以精确调控纳米结构金属材料的变形行为和电子结构，进而成为改变材料物理化学性质的重要手段，例如由超纳双相玻璃-晶体结构实现的近理论强度，具有特定相构型的图灵催化剂所展现的稳定催化，以及纳米材料的非常规相变。这种纳米结构金属材料具有出色的力学性能、导电性能和耐腐蚀性能，适用于电子器件、催化剂和能源存储等领域。

➡➡二维金属材料

二维金属材料是指在纳米尺度下，厚度只有几个原子层的金属材料。由于具有优异的电导率和载流子迁移性能，它可以作为高性能的电极材料，如用二维 Cu 金属材料制作的晶体管、集成电路和传感器等。二维金属材料还具有丰富的等能带结构和光学性质，可用于光电探测、太阳能电池、光催化等领域，如二维 Ti 金属材料可用于光催化水分解和有机废水处理等环境保护技术。此外，二维金属材料还具有特殊的表面结构和活性位点，使其在催化反应中表现出优异的催化性能，如二维 Al 金属材料作为催化剂时，可用于有机合成反应、能源转换、汽车尾气净化等催化领域。

➡➡金属基复合材料

金属基复合材料是以金属及其合金为基体，与一种或几种金属或非金属增强相人工结合成的复合材料，其增强材料大多为无机非金属，如陶瓷、碳、石墨及硼等。该类材料具有金属及其合金的高强度、刚性和导热性，同时还具备非金属材料的轻、强、耐高温、耐腐蚀等特点。在汽车和航空航天领域中应用广泛，可以用于制作轻量化、高性能的车身和结构件，能有效减小车辆质量，提高

燃油经济性和减少尾气排放；在电子领域中用于制造散热器、导热板等散热部件，提高电子设备的散热效果；在机械工程中用于制造高强度、耐磨损的零部件，如轴承、齿轮、刀具等，提高机械设备的性能和寿命；在建筑领域中用于制造外墙装饰材料、屋顶材料等，具有抗腐蚀、防火、耐候性能，同时还能提供良好的隔热和隔音效果；等等。

➡➡可再生金属材料

可再生金属材料是以废旧金属制品和工业生产过程中的金属废料为原料炼制而成的金属及其合金，又称再生金属。早在铜器时代就使用再生金属，即将废旧金属器物回炉重熔。到 20 世纪，出现了专业化的再生金属工业，并得到蓬勃发展。金属的废料回收，有利于环境保护和资源的利用，具有能耗少、经济效益显著的特点。再生金属生态化开发是一个关系到国家资源安全、经济可持续发展的重大问题，需要立足于基本国情，结合行业实际现状，以减量化、再利用、再循环等循环经济理念为指导，做到经济效益、环境效益、社会效益的有机统一。再生金属行业是国家战略性新兴产业和成长中的朝阳行业，潜力巨大。2016 年以来，行业总体出现了一系列可喜变化：产业结构优化调整步伐持续推进，技术和装备水平不断提高，“互联网＋”“两网融合”等新技术形态应用愈加广泛，产业亮点纷呈。

总的来说，前沿领域中的金属材料工程正不断推动着材料科学和工程的发展。超高强度金属合金、纳米结构金属材料、二维金属材料、金属基复合材料和可再生金属材料等新材料的出现，为许多行业的创新和进步提供了新的可能性。

▶▶金属材料工程与环保

金属材料工程与环保之间有着密切的联系和互动，以实现可持续发展和环境友好的目标。

➡➡资源利用与循环经济

金属材料工程致力于提高资源利用效率和促进循环经济的发展，强调金属材料在生产、流通、消费和回收利用过程中的循环和再生，以实现金属材料资源的有效利用和循环利用；强调金属材料在开采、冶炼、加工、制造、流通、消费、回收和再生利用等环节之间的相互关联和相互作用，形成一个完整的循环系统。由此，这种资源循环经济模式可以有效地节约金属材料资源，减少浪费，降低生产成本，提高利用效率，促进金属材料行业的转型升级和可持续发展。

➡➡节能与减排

金属材料工程致力于开发节能和低碳的生产工艺,以减少能源消耗和碳排放,例如,引入节能型炉窑、改进冶炼和轧制工艺,以减少能源损耗。同时着眼于设计和制造更轻、更强的材料,以减小产品和结构的质量,这可以减少能源消耗,并降低运输和安装过程中的碳排放,例如,开发高强度、低密度的铝合金和钢材,可用于汽车、航空航天和建筑等领域。此外,鼓励利用可再生能源来满足能源需求,例如使用太阳能和风能等可再生能源来驱动金属材料的生产过程,减少对化石燃料的依赖,从而降低碳排放。

➡➡延长寿命与减少废弃物

金属材料工程着眼于提高金属材料的耐久性和寿命,以减少对新材料的需求和废弃物的产生。应根据不同的使用环境,选择适合的金属材料,例如,在石油化工等环境中,常见的耐蚀性好、耐高温、高强度的钢材和不锈钢,能够保证金属材料的使用寿命;在航空航天领域,使用高强度、轻量化的金属材料,如钛合金、铝合金,能够满足飞行器对于结构强度和质量的要求。在金属材料的制造过程中,应采用合适的制造工艺和加工技术，以确保金属材料的质量和性能，如采用精密加工技术，能够减少金属材料的疲劳损伤；采用合理的热处理工艺，能够提高金属材料的强度和硬度。金属材料在使用过程中，需要注意其保养和维护，以延长其使用寿命。

➡➡环境监测与保护

金属材料工程在环境监测和保护方面发挥着重要的作用。例如，开发抗腐蚀和防腐蚀的金属材料，可以提高设备和结构的耐久性，减少对环境的污染和损害；通过研发吸附材料、催化剂和电化学材料等，用于处理和清除污染物；鼓励可持续材料设计和生产，以减少资源消耗和环境污染，如开发可再生材料、生物基材料和可降解材料等，可以降低对有限资源的依赖，减少废弃物产生，从而保护环境。

整体来说，金属材料工程与环保之间形成了一种良性循环的关系。通过优化金属材料的制造和应用过程，实现资源循环利用、节能减排、延长寿命和环境保护，可以实现金属材料工程与环境保护的良好结合，推动可持续发展的进程。

▶▶金属材料工程与社会发展

金属材料工程与社会发展之间存在着复杂的关系，既联系紧密，又时常冲突。

首先，金属材料工程在社会发展中起着重要的作用。金属材料广泛应用于建筑、交通、能源、电子、医疗和通信等许多领域，为社会的进步和创新奠定了不可或缺的基础。金属材料的高强度、导电性、耐腐蚀等特性使其成为现代工业化社会的基石。然而，金属材料工程也面临一些挑战和冲突。首先，金属材料的开采和生产过程可能对环境和生态系统造成负面影响；大规模的矿物资源开采可能导致土地破坏、水资源污染和生物多样性丧失等环境问题；金属材料生产过程中的能源消耗和废弃物排放也会对气候变化和环境质量产生影响。另外，金属材料工程也面临着对资源的依赖和供应不足的问题，某些金属材料的储量有限，而社会对金属材料的需求不断增加，这可能导致资源供应紧张和价格波动，进而影响社会的稳定和发展。为了解决这些问题，金属材料工程需要积极推进可持续发展的理念和实践，这包括减少资源消耗、提高材料利用率、推动循环经济和绿色制造等方面的努力。同时，还需要在金属材料开发和应用过程中注重社会责任和环境保护，推动创新技术和工艺的应用，减少对环境的负面影响。

在未来社会中，金属材料工程将继续发挥重要作用。随着科技进步和人类社会的发展，对金属材料的需求将进一步增加。因此，只有通过持续的创新和可持续发展的实践，金属材料工程才能更好地适应社会需求并与社会发展实现和谐共存。

魅力四射的金属材料工程专业

业精于勤荒于嬉，行成于思毁于随。

——韩愈

▶▶金属材料工程专业概况

金属材料工程专业作为一门多学科交叉的应用型工科专业，涉及材料的制备、组织结构及性能应用等多个领域，致力于培养具有扎实理论基础，且能够独立完成材料设计与制备的复合型人才。金属材料工程专业具有悠久的历史，它的发展也与人类文明和工业进步密切相关。

在我国，中华人民共和国成立初期是金属材料工程专业的起步阶段。当时，中国面临着百废待兴的局面，而金属材料作为工业发展的基础，其研究和应用对于国家的现代化进程至关重要。因此，国家开始大力扶持金属材料工程专业的发展，一批金属材料工程专业在国内相继设立，并不断发展壮大。目前国内开设金属材料工程专业的高校有近百所，包括大连理工大学、上海大学、苏州大学、河北工业大学、合肥工业大学、燕山大学、武汉大学、山东科技大学等众多院校。下面以大连理工大学金属材料工程专业为例进行介绍。

金属材料工程专业隶属于大连理工大学材料科学与工程学院，前身是成立于1958年的金属材料及热处理专业，到1999年，正式更改专业名称为金属材料工程专业。

本专业依托金属材料工程学科的优势，不断强化本科教学工作。在人才培养体系中本专业明确提出并实施了"优势＋特色"的人才培养方案，在保持传统优势学科培养优势的同时，根据学科发展及社会需求，实施了"专业方向模块"培养的创新思路，让学生既能够掌握深厚的专业基础知识，同时又能够根据国家战略发展趋势和社会需求，培养国家及社会急需人才。目前大连理工大学金属材料工程本科专业设立了"金属材料工程与技术"和

“无损检测”两个专业方向模块。两个方向的所有学生均采用全日制的模式培养,主要教学地点均设在大连理工大学的主校区。

本专业下设的无损检测专业方向是在学院一个科研方向长期积累及调研社会需求情况下发展起来的,在东北地区是独一无二的,在全国也是极少的,在全国高校中有较大的影响。无损检测专业方向的毕业生质量较高,受到社会的普遍欢迎,就业状况较好,在机械、造船、航空航天、油田、核能、水利等领域的单位都有本专业的毕业生,用人单位反映良好。无损检测专业方向是科研学科促进教学的一个成功范例,并探索出了一条培养复合型人才的新途径。

除了无损检测专业方向,根据宝钢、鞍钢、沈鼓集团、大起大重、大连机车、航空航天集团等企业和科研院所的人才需求和反馈情况,在2012年的培养计划中新设了金属材料工程与技术专业方向,以新材料、新工艺为导向,针对苛刻使役条件下的材料开展设计和制备,结合表面改性等方向,培养在材料结构研究与分析、金属材料及复合材料制备与成型、金属材料工程质量管理及材料无损检测与表征等领域的高级工程技术及管理人才。

为了探索国际化的教学模式，培养具有开放性视野和国际竞争力的高素质、普适性强的人才，本专业 2008 年开始设立金属材料工程日语强化班。日语强化班旨在培养兼具日语水平和专业水平的国际化人才，其课程设置参考日本东京工业大学的课程体系，并与东京工业大学的教授共同设计教学计划和课程安排。部分专业课程由东京工业大学教师全程授课，并且东京工业大学在每学期定期派出本校的教授副教授等相关教学人员为日语强化班开设讲座。学生通过这一教学环节，真正体会到了异国文化的差距，拓宽了视野，这种最直接的国际化教学对于培养国际型人才具有借鉴作用。相关成果获得国家和辽宁省教学成果奖。

金属材料工程专业在 2013 年辽宁省教育厅组织的本科专业综合评价中位居全省材料类专业之首，并于 2015 年被辽宁省教育厅定为首批优势本科专业，2016 年被纳入国家一流学科建设，实行大类招生，专业分流的政策。材料大类招生后，学生在本科二年级，综合学习成

绩、兴趣爱好等选择相关专业。2019 年获得辽宁省首批一流本科专业建设资格，2021 年获得国家级一流本科教育示范专业，并于 2015 年、2018 年两次通过工程教育专业认证。专业发展历程如图 18 所示。

图 18　专业发展历程

▶▶探寻专业的精彩课程设置

专业课程的学习是走进金属世界的关键，也是成为专业人才的基石。为了更好地探索金属的奥秘，金属材料工程专业设置了一系列课程，树立学生以知识为基础、能力为重点、素质为根本的全面素质质量观，助力学生形成个性发展的多样化、多层次人才观。

在课程体系结构优化方面，系统规划了通识与公共基础课程、大类与专业基础课程、专业与专业方向课程、交叉与个性发展课程、第二课堂等课程类别。其中通识与公共基础课程涵盖了思想政治类、军事体育类、通识类、外语类、计算机类、数学类、物理类、化学生物类等课程。大类与专业基础课程涵盖了金属材料工程专业所需的工程图学、机械设计基础、电子电工技术基础、工程力学、物理化学、材料科学基础、材料工程基础、材料性能表征、材料制备技术、金属材料及热处理、材料结构表征、材料加工成形等核心知识领域。专业与专业方向课程除了涵盖专业与专业方向模块课程外，还设置了专业实验、实习、实践、实训等环节。交叉与个性发展课程则使得学生可以完成跨学科课程、创新创业训练计划和个性选修课程的学习。

专业基础课程重点学习材料科学与工程的基础理论知识，引导学生进入丰富多彩的材料世界，领略材料世界和材料科学中的无穷奥秘，主要包括材料科学基础、固态相变原理、材料分析方法、材料力学性能、材料物理性能等，通过这些课程的学习，学生将进入微观材料世界，了解组成材料的原子或离子、分子之间是如何结合在一起的，学习它们之间是如何排列的，不同的结合方式、排列方式会对材料的性能产生什么影响，不完美的材料世界存在哪些缺陷，这些缺陷又会对材料产生什么影响，通过

这些课程的学习都能够找到答案。

专业主干必修课程是在学习完专业基础课程之后，进一步对材料的加工、制造、使役行为等进行学习，主要包括材料制备技术、热处理工艺及设备、材料表面工程技术、腐蚀及防护、失效分析等课程，无损检测方向涉及超声检测学、无损检测新技术、表面无损检测原理和超声信号分析方法等课程。在这些课程里将继续对材料世界进行探索，尤其是金属材料和无损检测技术，进一步加深对材料世界的理解。

专业选修课主要是为了扩宽学生的眼界和见识，探寻金属世界未来的可能性，让学生了解目前金属材料工程专业的前沿技术及一些新材料，学生可以选择学习一些新兴的金属材料制备和加工技术，如先进的合金材料、纳米材料、复合材料等。这些课程会介绍最新的材料研究成果和应用案例，让学生了解到目前金属材料工程领域的最新发展和趋势。专业选修课还可以扩展学生对金属材料应用领域的了解，如航空航天、能源、汽车、电子等行业的金属材料应用。学生可以学习到金属材料在不同领域中的特殊要求和应用技术，了解行业需求和发展方向，通过专业选修课的学习，学生不仅可以扩展自己的知识面和眼界，还可以激发他们的学习兴趣和探索精神，培养他们的创新能力和独立思考能力，为将来的职业发展奠定坚实的基础。

专业实践课程注重实践能力的培养，通过各种实验、实习、实训和毕业设计等，让学生将所学知识应用到实际中，提高他们的实践能力和解决问题的能力，为将来的学习和工作奠定坚实的基础。实验课程汇总，学生将有机会进行各种实验，如材料分析实验、力学性能实验、物理性能实验、热处理实验等，依据实验方案开展专业实验并正确收集实验数据，并根据自己所学习的专业知识对实验数据进行分析并得到合理正确的结论。同时，学生还将有机会参加实习和实训等实践课程，了解金属材料的加工和应用，如铸造、锻造、轧制、焊接等工艺，以及现代化加工工具，进一步了解材料的加工成型原理。此外，毕业设计是专业实践课程的重要组成部分，它要求学生结合所学知识和技能，进行一项与金属材料工程相关的实际课题研究，如进行制备与加工、材料的性能测试、使用现代工具进行材料分析等。通过毕业设计，学生将进一步提高他们的实践能力和解决问题的能力，为将来的学习和工作奠定坚实的基础。

创新创业课程旨在培养学生的创新精神和创业意识。学生将学习创新方法和创业知识，了解金属材料工程领域的前沿技术和市场需求，培养自主创新和创业能力，学校通常会为学生提供创新实验室、科研项目和创业平台，让他们能够积极参与科技创新和创业实践。学生还将学习创业知识，了解创业的过程和技巧，如市场调研、商业计划书等。通过这些课程的学习和实践，学生将更好地了解市场需求，掌握创业的方法和技巧，从而更好地进行自主创新和创业。

除了综合能力的提升，心理健康和劳动教育也是课程设置中重要的一环，这些课程或活动旨在培养学生的综合素质和能力，帮助他们更好地适应社会和职业发展。心理健康教育课程旨在帮助学生树立正确的心理健康观念，掌握心理健康知识，提高心理素质和应对能力。通过心理健康教育，学生将更好地了解自己的心理状态和情绪调节方法，更好地应对学习和生活中的各种挑战和压力；通过实践和劳动教育等课程或活动，培养学生的综合素质和能力，帮助他们更好地适应社会和职业发展。

总之，金属材料工程专业课程设计正在不断丰富、完善，不断提高课程的教学质量和教学水平，满足学生对专业知识和技能的需求。通过不断更新和改进课程内容，课程能够紧跟行业发展的脉搏，并引入最新的理论和实践成果，使学生能够掌握最前沿的知识和技术，成为德智体美劳全面发展的专业人才。

▶▶金属材料工程专业的职业前景

金属材料在我们的生活中发挥着不可替代的作用，在各行各业中都能看到金属材料的身影，但随着科技的进步、社会需求的变化及人类环保意识的提高，对金属材料的性能也提出了更严格的要求，因此，探寻金属材料未来发展的可能性成为金属工程师的目标。

结合上述情况，本专业制定了人才培养目标：利用一流研究型大学和材料科学与工程一流学科、辽宁省及教育部重点实验室和国家协同创新中心的优质资源实施精英教育，培养具有人文科学素养和创新精神，面向社会和经济建设第一线，具有材料科学与工程的基础理论、金属材料工程的专门知识，在材料成分设计与

制备、材料结构研究与分析、材料改性、金属材料工程质量管理及材料无损检测与表征等领域从事技术开发、工艺和设备设计、科学研究、生产和经营管理等方面工作的一流工程技术/管理创新型人才，能够成为社会主义事业德智体美劳全面发展的高水平建设者和高度可靠接班人。

金属材料工程专业以落实学生专业就业为目标，近年来关注专业就业对口度分析，梳理金属材料工程专业就业企业名录，带领学生开展“报国企业行”走访企业实践活动，着眼未来，培养专业能力的竞争力。通过采取上述措施，加强了学生对择业的认识，使其减少了盲目性；密切关注专业与企业的联系，为学生直接或间接地提供了更多的择业机会，使学生感受到在人生重大问题上专业所给予的关爱。

金属材料工程专业学生在我国重点行业和知名企业中具有广泛的就业机会。专业毕业生在航空航天、汽车制造、电子产品、能源等多个行业中备受青睐。他们在这些行业中能够参与材料研发、工艺优化、质量控制等技术工作，为企业的创新和发展贡献力量。同时，随着科技的不断进步，金属材料工程专业学生也在新兴领域如新能源材料、智能制造等方面找到了更多的就业机会，展现出了广阔的发展前景。近年来我专业的毕业生在中国航天科工集团、中国航空工业集团、中国电子科技集团、中国船舶集团等知名国企、军工及高科技企业就业，为我国的国防和现代化建设添砖加瓦。

➡➡新材料开发方向

新材料开发一直是金属材料工程师的重要任务之一，随着科技的不断发展，对于更轻、更耐腐蚀等性能的材料需求不断增加。

在新材料开发方面，金属材料工程师注重研究和探索新的合金、复合材料、纳米材料等多种新材料的组成和制备工艺。他们利用先进的材料科学和工程技术，研发新的合金材料、复合材料及纳米材料，以满足各行各业对材料性能的不断提升的需求。通过不断的创新和研究，金属材料工程师为各个领域的发展作出了重要贡献。

➡➡能源与环保领域方向

在环境保护和可持续发展的大背景下，绿色金属材

料的研究和应用变得越来越重要。金属材料工程师致力于开发可再生能源材料、低碳材料和环保材料，以减少环境污染和资源浪费。在金属材料制备和加工过程中，大量能源消耗是个棘手的问题。不过金属材料工程师可以通过研究和优化工艺，采用高效的冶炼、热处理和加工方法，努力减少能源损耗和碳排放。为应对金属材料腐蚀和氧化的问题，金属材料工程师致力于研究和开发环保涂料和防腐技术，以延长金属材料的寿命，并减少废弃物产生。这些环保涂料和防腐技术具有良好的防护性能，并且要求使用环境友好的材料，以减少对环境的污染。为了满足对材料性能和环境保护的需求，金属材料工程师致力于研究和开发绿色合金和复合材料。绿色合金是指低能耗、低污染和可循环利用的合金材料，制备过程对环境影响较小。复合材料则是将金属与其他材料结合，以提高材料性能并减少资源使用，实现可持续发展。在能源领域，金属材料有着广泛的应用，如太阳能电池、燃料电池和储能设备。金属材料工程师致力于研究和开发高效能源利用的金属材料，提高能源转化效率和利用率，减少对非可再生能源的依赖，推动可持续能源的发展。

总之，金属材料工程师通过研究和创新，不断推动绿色金属材料的发展和应用，为环境保护和可持续发展贡献自己的力量。他们的努力让我们可以在保护地球的同时，继续享受金属材料带来的便利和创新。

➡➡先进制造技术方向

金属材料和先进制造技术之间密不可分，互相依靠、互相促进。金属材料工程专业的毕业生在先进制造技术中扮演着重要的角色，他们通过研究和开发适合先进制造需求的金属材料，推动先进制造技术的发展，并满足不同行业的需求。

先进制造技术包括各种各样神奇的成型和加工方法，比如3D打印、激光切割、注塑成型等。而金属材料就是这些神奇技术的最佳拍档。金属材料工程师通过研究和开发适合先进成型技术的金属材料，为这些技术提供了坚实的基础。先进制造技术为金属材料的发展带来了无限空间，而金属材料则为先进制造技术注入了新的活力和创新。

先进制造技术还需要经历各种复杂的加工和制造过程，而金属材料的机械性能、热物性和耐蚀性等特性，

为高精度和高效率的制造过程提供了坚实的保障。金属材料工程师通过研究和优化工艺参数、热处理和加工方法，从而得到满足加工要求的金属，确保先进制造技术顺利实施，提高制造的质量和效率。

所以，金属材料和先进制造技术之间配合默契。它们相互依存，共同为实现高效、精确和可持续的制造目标而努力，金属材料和先进制造技术相互配合，一起创造了许多令人惊叹的成就，为我们的生活带来了更多便利和创新。

➡➡航空航天和汽车工业方向

航空航天和汽车工业对于轻量化和高强度材料的需求日渐升高。这是因为轻量化的材料可以减小飞机和汽车的质量，从而提高燃油效率和减少碳排放。

金属材料工程师要做的就是研究和开发新型的高性能金属材料，以满足这些需求。他们追求的目标是找到既具有高的强度，又质轻的材料，让飞机飞得更高、更快，汽车跑得更远、更节省燃料，不仅可以提高性能，还能降低对环境的影响。金属材料工程师通过研发轻量化材料，为我们开发出更先进的航空航天和汽车应用材料。

所以，我们可以期待未来会有更轻、更强的飞机翱翔在蓝天，更省油、更环保的汽车驰骋在道路上。金属材料工程师为此付出了巨大的努力，为我们带来了更美好的出行体验和更可持续的未来。

➡➡智能制造和物联网

随着智能制造和物联网的快速发展，金属材料工程将与信息技术紧密结合，推动智能化制造的发展。金属材料工程师将致力于研发具有传感和响应功能的智能材料，以满足智能制造和物联网应用的需求。

金属材料具有优异的导电性和导热性，这使得金属成为制造各种电子设备和传感器的理想选择，而金属材料工程师要跟上时代的脚步，与信息技术紧密合作，为智能制造贡献力量。他们将致力于研发新型智能材料，这些材料不仅具备传统金属材料的优势，还拥有传感和响应的特性，可以实现与智能装置的互动。

不仅如此，这些智能材料还可以与物联网技术相结合，实现与其他设备的联网互动。通过与传感器、控制系统等设备的连接，智能材料可以实时传输数据、接

收指令，实现智能化的信息交互。这将进一步提升制造过程的智能化水平，确保生产的准确性和可靠性。

随着智能制造和物联网的快速发展，金属材料工程师也在不断研究和开发适应这些领域需求的新型金属材料。他们致力于提高金属材料的性能和特性，以适应高速通信、高精度制造和智能化控制等要求。

金属材料工程领域的“魔法师”

科学没有国界，科学家却是有祖国的。

——钱三强

▶▶高温合金的开拓者——师昌绪

师昌绪先生是我国的材料科学家，中国科学院院士、中国工程院院士。1945 年毕业于西北工学院。1952 年在美国欧特丹大学毕业并获得冶金学博士学位，之后在麻省理工学院工作了 3 年。师昌绪先生一生在钢材料、高温合金材料等多个金属材料领域取得了重要的科研成果，为我国的冶金及材料科学发展奠定了重要的基础，是我国最早从事高温合金研究工作的学者之一。

20 世纪中期，我国的国防和现代化建设一直受制于高强钢铁材料的开发。20 世纪 60 年代至 80 年代，师昌

绪先生研究了钢中硅、碳对残留奥氏体、回火工艺及二次硬化的影响。在此基础上开发出来的300M超高强度钢,成为世界上最常用的飞机起落架用钢之一。

20世纪60年代初,我国的镍资源和铬资源短缺,并受到国际限制等问题的制约。针对当时的情况,师昌绪先生提出用铁基合金代替镍基合金,并研究开发了中国第一种铁基高温合金。通过真空冶炼技术,制备出了一种可用于喷气发动涡轮盘的铁基合金。他研究开发的FeMnAl系和CrMnN系无镍不锈钢等材料应用于化工部门,解决了国家的燃眉之急,改善了国家当时镍资源短缺所带来的问题,此项工作于2010年获得了国家最高科技奖。高温合金是航空发动机(图19)核心部件的关键材料,制备难度极高,服役环境也很苛刻。为了延缓其使用寿命及使用稳定性,在当时的条件下,需要在改进材料性能的同时,增加冷却技术,而这项技术当时只有美国掌握。1964年初,我国自行设计的歼-8的方案中,有人提出采用两台经过改进设计的涡喷7发动机作为动力的双发方案。而要提高涡喷7发动机的推力,则需要提高涡轮进口温度。时任航空研究院材料与工艺的总工程师荣科提出将实心涡轮叶片改进为空心涡轮叶片,并通过强制冷却的方式提高涡轮的进口温度。当天晚上,荣科找到师昌绪，希望他来承担制造空心涡轮叶片的工作。师昌绪先生在一篇回忆文章中写道：“我当时就愣住了，什么铸造空心叶片，我从来没见过，也没听说过！”但师昌绪并未过多考虑就接下了任务，“我当时就想，美国人能做出来，我们怎么做不出来？只要努力，肯定能做出来！”师先生快速组建了攻关队伍，在不到一年的时间内研制成功中国第一代空心气冷铸造镍基高温合金涡轮叶片，使我国成为全世界可制备使用此种叶片的第二个国家，涡轮叶片制备技术得到大幅度提高，极大地提高了国产歼-7飞机的档次。

图 19　航空发动机

师昌绪先生的爱国情怀不仅仅体现在回国以后的科研工作中，其实青年时期，师昌绪先生的爱国种子就在心

里萌芽。1948 年 8 月，师昌绪先生前往美国留学，在密苏里大学矿冶学院获得硕士学位，之后又在欧特丹大学冶金系获得博士学位。中华人民共和国成立后，北洋大学聘请师昌绪回国任教。当时正值抗美援朝时期，师昌绪和钱学森等 35 人被美国政府列入不许离开美国的名单。如果他们一意孤行，选择离开，等待他们的将是巨额罚金甚至刑罚。师昌绪只好进入麻省理工学院，在著名金属学家科恩教授的指导下从事博士后科研工作。1954 年，师昌绪先生只身前往华盛顿，携带着中国留学生签名要求回国的信件，请求印度驻美国大使馆的工作人员转交给当时正在日内瓦开会的周恩来总理。了解到情况后，中国政府对美国的无理行径提出抗议，最终以美军战俘交换中国留学生回国。1955 年，师昌绪先生告别了恩师科恩教授，启程回国。临行前，科恩教授询问他回国原因，师昌绪说："我是中国人，在你们美国像我这样的人多得很，在中国，我这样的人却很少，很需要。"

▶▶金属冶金事业的先驱者——李薰

李薰是我国最早从事冶金科技事业的开拓者，是我国著名的物理冶金学家、中国科学院原副院长，曾任中国科学院金属研究所所长、中国科学院沈阳分院院长。

1940 年，在英国谢菲尔德大学冶金学院毕业并获得哲学博士学位。谢菲尔德大学冶金学院是当时英国唯一能以冶金学博士命名其最高级博士学位的学府。1950 年，李薰凭借自己的学术成就，获得了谢菲尔德大学冶金学博士学位。他是中国获得此殊荣的唯一学者，是 1923 年学位设立到 1951 年期间获得这一学位的第二人，这归功于他在钢的氢脆研究方面的杰出成就。

李薰早年的学术成就主要集中在钢中氢脆的研究上。他在研究飞机引擎主轴断裂的原因中，发现钢中氢脆的规律。氢脆是指溶于钢中的氢聚合为氢分子，从而造成应力集中，超过钢的强度极限时在钢内部形成细小的裂纹，称为发裂。李薰先生通过扩散、溶解度等理论，结合钢的结构，阐明了不同温度下钢材尺寸大小、时间与钢中氢质量分数的关系。这一研究结果对世界各国钢铁技术的发展有着重大的影响，而李薰先生也成为钢中氢脆相关科学基础研究的先驱者。近年来发展的新型材料——金属间化合物基合金的氢脆仍然遵守高压氢脆机制。

1951 年，中国科学院金属研究所开始筹备成立，李薰担任筹备处主任。他带领一众科学家，立志要将金属研究所建设成为综合性研究所、建设成为中国科学院成立

后的第一大所。中国科学院最初将金属研究所的位置选定在北京。此时,东北人民政府重工业部部长王鹤寿邀请李薰主任前往东北考察。经过此次考察之后,中国科学院金属研究所筹备处将金属研究所的选址改在了辽宁沈阳。这主要是考虑到沈阳地处鞍钢、抚钢、本钢和大连钢厂的中心地带,具有了解冶金企业生产工艺的问题和实际情况的便利条件,研究成果也能为钢铁企业的发展提供支撑。1951 年冬天,李薰一行人来到东北勘址,在沈阳市郊外的一片菜地和晒粪场上,李薰兴奋地和同行人员规划着宏伟蓝图,他说:“我们的事业就从这里开始!”在东北人民政府的支持下,仅用了不到两年的时间,中国科学院金属研究所的实验大楼就建设完工。

新中国成立之初,国内冶金工业生产技术远远落后于英国等西方国家,产品存在严重的质量问题,迅速提升冶金技术水平是当务之急。而金属研究所成立之初,设立了六个研究室,当李薰了解到新中国的技术所需后,放弃了他的物理冶金专业,交给张沛霖先生负责物理冶金研究室,而他却新组建了冶炼物理化学研究室并兼任主任。李薰先生设计制造了我国第一台定氢仪,并提出了夹杂物测定技术,为提高钢质量提供了有力的技术与手段保障。李薰先生完成了多项钢中气体与钢质量等研究课题，并在金属研究所举办了全国各大钢铁企业技术人员培训班，为我国各大钢企培养了一批业务骨干，也通过这些人的努力，在全国范围内迅速提高了钢产品的质量。

我们崇敬李薰先生为了国家的科研事业不计个人得失的精神和人格魅力，他的爱国之心和对科技事业的执着追求更是值得我们新时代的年轻人学习。

▶▶马氏体相变的奠基人——徐祖耀

徐祖耀先生是我国著名的材料科学家、教育家，上海交通大学材料科学与工程学院教授，中国科学院院士。1942 年毕业于云南大学矿冶系；1989 年，任比利时鲁汶天主教大学冶金与材料系客座教授，1995 年当选为中国科学院院士。徐先生长期从事马氏体相变、贝氏体相变、形状记忆材料及材料热力学等领域的研究工作，是我国开创形状记忆材料（Ni-Ti 基、Ni-Al 基、Cu 基、Fe-Mn-Si 基合金和 ZrO_2 基陶瓷）的领军人物之一，在“马氏体相变”方面的研究成果获得 1987 年国家自然科学奖三等奖，其专著《相变原理》于 1999 年获得国家科技进步奖（著作类）三等奖。他对我国科学技术的发展作出了突出的贡献，获 2000 年何梁何利基金科学与技术进

步奖。

徐先生从1983年起开始投身Fe-C合金的马氏体相变驱动力和相变开始温度的研究，发现了无扩散马氏体相变中存在间隙原子（或离子）的扩散，通过理论结合实验数据，完善了铁合金马氏体相变的热力学，提出了马氏体相变驱动力的表达式，并将上述方法推广到Fe-Ni、Fe-Cr、Fe-Si、Fe-Mn和Fe-X-C三元系，解决了计算Fe-C合金相变开始温度的难题。同时徐先生团队也在国内率先将马氏体相变的研究拓展到纳米材料领域，首次在国际上提出了纳米晶高温相在室温稳定存在（马氏体相变被抑制）的临界尺寸模型，在ZrO_2纳米粉体颗粒的室温相组成及临界晶粒尺寸研究上证实了理论和实验非常吻合。

除了科研工作以外，徐先生也一直潜心教学，为我国材料学科的发展作出了巨大的贡献，培养了我国几代材料科学家。他撰写的《金属学原理》培育了中华人民共和国成立后第一代材料工作者；《马氏体相变与马氏体》《材料热力学》《材料科学导论》《相变原理》等著作培养了中国几代材料科学家，这些书籍目前仍是许多高校材料学科的专业课程参考教材。

▶▶轮椅上的领路人院士——金展鹏

金展鹏先生是我国著名的粉末冶金专家，中南大学教授，博士生导师。2003 年评为中国科学院院士，是国际知名的“金氏相图测定法”发明人。1963 年毕业于中南矿冶学院（今中南大学）；1979 年成为瑞典皇家学院访问学者。1979 年 2 月到 1981 年 3 月间，金展鹏发明的“金氏相图测定法”奠定了他在国际相图界中的权威地位；1991 年，金展鹏研究的“无机相图测定及计算的若干研究成果”获得了国家自然科学三等奖。

在金属材料工程专业中，“材料科学基础”和“金属学”都是重要的基础课程，而其中都要学习相图相关内容。相图是用于描述给定材料系中材料的成分、温度（压力）及其组织状态之间关系的图形，依据相图，可以了解各种成分材料的凝固过程和凝固后的组织，研究相变过程，是制定材料加工工艺的重要依据。相图及相变是整个材料科学中的核心，对认识材料世界具有重要作用。金展鹏院士曾经说过，相图就好比是材料研究的地图，是材料设计的基础性理论，是研究、创造新型材料的过程中不可或缺的工具。人类对相图的研究始于 20 世纪初，可

以通过热分析法、硬度法、金相法、X射线衍射法、磁性法、膨胀法、电阻法等众多方法来测定相图。但是相图的准确测定并非易事，计算过程非常繁杂。1979年，金展鹏在瑞典研学期间，将传统材料科学与现代信息学结合，以理论计算加实验共同推导，来获得研究体系的热力学、动力学、组织形貌等信息，通过进一步分析来绘制相图，在相图的实验测量方法上取得突破性进展，首创了“三元扩散偶——电子探针针微区成分”分析法，该方法之后在国际上被称为“金氏相图测定法”。而当时德国科学家试验了52次样品，却仍不能获得理想的相图，“以1胜52”成为美谈。

金先生的高贵之处还在于他坚韧不屈的品质。1998年是金先生命运的转折点，在刚满花甲的科研事业巅峰时期，金先生被严重的颈椎病夺走了他的活动能力，除了脖子以上可以动之外，全身瘫痪。在被轮椅禁锢的22年间，他并没有屈服于命运，而是用自己非常人可及的毅力潜心科研，教书育人，2003年当选中国科学院院士，完成了3项自然科学基金项目，撰写了17份关于中国材料科学发展战略的建议书。“通当为大鹏，举翅摩苍穹”，金展鹏院士就是这样一位在轮椅上仍能展翅摩天的人，他在科研学术上成就斐然，成为一座巍峨高山；在教书育人上同样桃李满天下，培养博士和硕士研究生 40 余人，有 20 多人出国深造，在美国相图委员会的 20 多名委员中，有 4 名是他的学生，相图学“金家军”享誉国际。

金属材料工程专业的奇幻之旅

未来工作是一项崇高的事业，做好这件事，我这一生就过得很有意义，就是为它死了也值得。

——邓稼先

在人类文明的进程中，金属材料一直扮演着重要的角色。从远古时代的铜器时代，到现代的高科技应用，金属材料工程的发展历程就像一场奇幻之旅。在这场奇幻之旅中，金属材料工程师像魔法师一样，通过巧妙的技艺和无穷的创造力，将普通的金属元素变成各种性能卓越的材料。他们探索着金属的奥秘，挖掘着金属的潜力，将它们塑造成为满足人类需求的形状和性能。那么，我们也许会关心另外几个问题：这个专业具体是要做什么？这个专业的前途怎么样？本部分将带你深入了解金属材料工程专业，解密金属材料工程专业的魅力与挑战。

▶▶金属材料工程专业的学习

在这个多彩的世界里，金属材料始终扮演着不可或缺的角色。它们既是工业的基石，又是艺术的灵魂。从高楼大厦的钢筋铁骨，到精密仪器的微小齿轮，再到时尚配饰的闪亮金属，金属材料无处不在，展现着千变万化的魅力。既然材料在日常生活中扮演着这么重要的角色，那大家肯定会有这样的疑问：学习金属材料工程专业的我们在毕业后能干什么呢？

首先我们需要知道，在现实世界里我们大都以宏观视角来认识物质，而金属材料工程专业会让你从微观世界进一步地了解物质的构成。对我们平常可见的材料，你知道它们都是由什么构成的吗？答案是原子。我们只看到了材料坚硬、易碎等方面的性质，然而事实上，这些性质的本质都是取决于原子的结构和排列。金属材料工程专业会带你深入更高尺度的纳米微观世界，你会明白物质并非我们肉眼所看到的那样光滑平整，而是由一个个原子周而复始地紧密排列组成的。而这些原子的排列或有序或无序，从而构成了物质的基础，而同种原子又构成万物的基础单位——元素。而我们通常所说的不锈钢

的不锈、金属材料的导电，都蕴含着丰富的科学意义。你会发现，这些材料的性能，或本质上与其构成的元素有关，不锈钢的不锈是因为添加了大量耐蚀性优良的Cr元素，铜导线是因为铜元素本身优良的导电性。进入金属材料工程专业，你会学习专业的材料课程，从微观视角进一步了解材料的构成。

在了解材料的基本组成之后，在时间、温度等共同作用下，不同元素构成的物质往往表现出不同的性能，如宏观尺度一样的两种材料，却能表现出不同的强度和塑性，事实上这与材料的微观组织是密不可分的。将材料的宏观性能与微观组织联系在一起，解密两者之间的关联，也是金属材料工程专业的所必须要做的事情。例如，具有面心立方结构的材料往往比体心立方结构材料具有更好的塑性，这与合金体系结构有关，在面心立方结构中，滑移面和滑移方向较多，这使得面心立方结构材料在受到外力作用时更容易发生滑移，从而表现出更好的塑性。相比之下，体心立方结构材料的滑移面和滑移方向较少，导致其塑性相对较差。但是相反，体心立方结构材料往往可以实现高强度。事实上，这些都涉及材料在受到外力条件下的变形机理，这些都是材料科学的基础知识。金属材料工程专业就是利用这些基础知识，去追求材料的极限，培养具备扎实理论基础与实践能力的复合型人才。学习金属材料工程专业就是探寻物质世界的真理，学会知识，解释现象，满足需求，就是金属材料工程专业需要做的事情。

而说到材料，不可避免地就会想到材料的制备与加工，金属材料工程专业会让你接触世界最前沿的制备加工技术。传统的材料制备方法包括熔炼、锻造等。而近年来在科技进步下，你会了解到金属材料的制备与加工技术也在不断发展。例如，定向凝固技术，一种制备单晶高温合金的方法，通过控制合金的凝固过程，消除晶界，提高了材料的强度和耐热性。这种技术在航空航天领域有巨大的应用潜力，为制造高性能的航空发动机和燃气轮机提供了关键技术支持。金属增材制造技术，也称为3D打印技术，为金属材料的加工带来了革命性的变革。这项技术能够以精确控制的方式制造复杂的金属部件，实现复杂结构和形状的高效、高精度制造。与传统的加工方法相比，金属增材制造技术可以大大减少材料浪费，提高制造效率，并且可以在复杂环境下制造出传统方法难以达到的部件。这些方法，区别于传统的制备加工技术，不断改变着金属材料行业的发展格局，推动材料向更高性能、更轻量化的方向发展。金属材料工程专业致力

于培养掌握这些先进制备与加工技术的专业人才。通过系统地学习和实践，学生将具备扎实的理论基础和实践能力，能够应对金属材料领域的各种挑战。他们将成为推动金属材料行业发展的重要力量，为国家的科技进步和产业发展作出贡献。

提到材料，我们容易想到的一个问题就是应用。利用所学的知识，发展出可供商业应用的材料，是金属材料工程专业学生所需要做的事情。金属材料工程作为一门实践性极强的学科，其专业知识与实际应用之间存在着密切的联系。在实际应用中，金属材料工程专业知识为各种实际问题的解决提供了理论支撑和实践指导。而实际应用的需求和挑战，又不断地推动着金属材料工程专业的理论发展和技术创新。以核能领域的特种结构材料为例，材料的发展既需要承受高温又需要接收高辐照，而通过引入第二相粒子，一方面起到第二相强化，另一方面引入的纳米粒子界面也可以提高合金的抗辐照性能。再比如航空航天领域，金属材料工程专业知识同样具有不可替代的作用。在飞机发动机涡轮盘的发展中，需要使用高强度、耐高温、轻质等性能卓越的金属材料，通常采用镍基高温合金。这种高温合金通过在基体上析出与基体晶体结构相似的 Ni3Al 粒子，实现了合金的高强度和高承温能力。随着科技的不断发展，新技术、新材料层出不穷，但是归根结底都是材料基础知识运用的结果。通过把课本上的知识运用到工业生产中，实现不同机理、不同组织的叠加效果以满足工业需求，这就是金属材料工程的使命。

除了了解最基本的基础知识，在金属材料工程这一工科专业中，实验和实践技能的重要性不言而喻。理论知识是基础，但真正地理解和掌握往往来源于实践。在大连理工大学，学院为我们提供了丰富的实习和实践机会，让我们能够将所学知识应用于实际情境中。校内的实验课程设计得既全面又细致，从基础实验到高级实验，每一个步骤都要求我们亲手操作，亲身体验。通过这些实验，我们可以验证材料的各种性能，了解不同条件下材料的变化和差异。而校外的走访名企活动则让我们有机会走进一流的企业，亲身感受金属材料在实际生产中的应用，理解市场需求和技术挑战。更进一步地，我们还有机会走进真正的科研世界。与老师合作，加入课题组，参与前沿的科学研究。这不仅是对我们专业知识的挑战，更是对我们独立思考和解决问题能力的锻炼。探索高强度材料的同时提高其塑性，是当前材料科学领域的一大挑战。这种探索需要我们具备深厚的理论基础、敏锐的

观察力和勇于创新的精神。在金属材料工程专业，我们将有机会面对这样的挑战，去追求材料的极限性能，为未来的科技发展作出贡献。

在金属材料工程中，深入了解物质的微观结构和组成是至关重要的。这不仅是为了揭示材料的内在属性，更是为了探寻材料性能与其微观组织之间的密切关系。这种关系的探索与理解，对于提升金属材料的性能、耐久性和可靠性具有深远的意义。其中，专业的检测设备起着至关重要的作用。它们如同一座座桥梁，连接着宏观与微观的观测世界，让我们能深入探索物质的奥秘。首先，是那些能将物体放大几百到几千倍的金相显微镜。通过它们，我们可以看到金属材料并非连续的，而是由无数细小晶粒组成的。这些晶粒的大小、形状和排列方式都会影响材料的性能。然后，是那些能将物体放大几十万倍的扫描电子显微镜。通过它们，我们可以观测到金属材料的表面不再光滑，而是展现出凹凸不平的微观结构。这些细微的起伏和纹路，对于材料的摩擦、磨损和抗腐蚀性能都有重要影响。最后，还有透射电镜，它可以将观测的尺度缩小到原子级别。通过它，我们可以观察到金属材料的原子排布，真正领略到微观世界的奇妙景象。这不仅让我们理解了材料的本质属性，更为我们提供了一种全新的视角去探索和优化金属材料的性能。金属材料工程专业就是这样一门学科，培养我们熟练操作仪器设备，带领我们穿越宏观与微观的界限，从细微的晶粒结构到原子级别的排布，全面领略物质世界的演变与奥秘。在这里，每一次的探索和发现，都可能引领我们走向新的科研领域，开创新的材料时代。

金属材料作为科技民生的基石，其专业知识在满足国家需求方面具有不可估量的价值。它不仅为国家的科技进步提供了坚实的物质基础，更是国家安全和经济发展的重要保障。在航空航天领域，金属材料是制造飞机、卫星和火箭的关键组成部分。它们必须具备轻质、高强度和耐高温的特性，以确保飞行器的安全和性能。而在汽车工业中，金属材料的应用同样广泛。从发动机到车身，每一个零部件都离不开金属材料的支撑。此外，能源和电子信息行业也对金属材料有着巨大的需求。在核能领域，特种不锈钢和镍基合金等金属材料用于制造反应堆和热交换器等关键设备。而在电子信息行业，金属材料则用于制造集成电路、电子元件和连接器等，为现代通信和计算技术的发展提供基础。来到金属材料工程专业，我们将深入了解金属材料在保障国家安全和经济发展方面的重要作用，我们将有机会参与到国家重大需求

的发展中，如新型高温合金的研发、核能特种不锈钢的制造等。通过这些项目，你将与行业专家和科研人员共同合作，为国家的科技进步和产业发展作出贡献。金属材料工程是一个充满机遇和挑战的领域。它不仅要求你具备扎实的专业知识和技能，更要求你有创新思维和实践能力。在这里，你将领略到科技的力量，感受到金属材料的魅力，为国家的繁荣和发展贡献自己的力量。

▶▶金属材料工程专业人才的未来和发展

自古以来，金属便是人类文明的重要基石。从青铜器时代的锋利刀剑，到工业革命的蒸汽机，再到今日的高铁和智能手机，金属材料一直在背后默默支撑着人类的进步。而在这一切背后，是无数金属材料工程师的辛勤努力和奉献。面对国外封锁的“卡脖子”技术，如何突破技术封锁，实现高性能金属材料的研发，服务国家安全，也是一代又一代材料人的使命，在这背后必然流淌着无数材料人的辛苦付出。

随着科技的不断进步和制造业的飞速发展，对金属材料工程领域的人才需求越来越大。从汽车、航空到电子、能源，几乎每一个行业都需要金属材料工程师的专业知识和技能。新能源行业的电池、核能行业的结构材料、电子行业的半导体材料，这些都是目前材料领域聚焦的热点。而近年来，抛开传统行业的发展，手机等电子器件的发展也实时与材料挂钩。例如，小米手机的 Ti 合金边框，在提升手机整体结构坚固性和减轻质量的同时，展现出更好的金属质感和光泽，大大提升手机整体性能，这其中都蕴藏着材料工程师的智慧。连接电子元器件与电路基板之间的填充金属，也叫电子封装钎料，其最常用的就是锡铅共晶合金。这种材料被广泛应用在手机、电脑等电子器件中，成为电子封装中不可或缺的一部分。在这个充满创新和变革的时代，金属材料工程领域的机会也是层出不穷。国产航母用高强钢，C919 大飞机用高强轻质合金，核聚变反应堆用结构材料，这些国之重器无不体现着材料的前途。科技的发展日新月异，金属材料工程的前景也愈发灿烂，无论是学术研究，还是商业应用，都有无数的可能性等待着有志之士去探索和实现，从航空航天的广阔天空，到医疗器械的微观世界，再到能源领域的深邃海洋，金属材料工程无处不在，散发着璀璨的光芒。

另外，随着科技的发展，计算机技术在各个领域都发挥着越来越重要的作用。特别是在材料科学领域，计算机技术的应用正在深刻地改变我们对材料性质和行为的

理解，并推动着材料科学的创新与发展。计算机技术为材料科学提供了强大的计算能力和数据分析工具。通过高性能计算机模拟和计算，研究人员可以模拟材料的微观结构和行为，预测材料的各种性质，如力学、光学、电学等。这种模拟方法不仅大大缩短了实验时间，减少了实验成本，而且能够更深入地理解材料的本质，为新材料的开发提供了有力的支持。目前发展的例如机器学习方法、第一性原理计算、分子动力学、相场模拟等都成为成熟的材料科学计算方法。而这种跨学科的结合，必然也带来了新的就业环境，更广阔的前途。

金属材料工程专业，如同炼金术一般，蕴含着科学与艺术的碰撞。它探索着金属的奥秘，探寻着材料在温度、压力、时间等元素下的变化。而在这个追求极限的过程中，金属材料工程专业也伴随着一些辛酸。金属材料工程，听起来充满了科技感和未来感，但实际上，在追求材料性能极限的过程中，金属材料工程专业的研究者常常需要进行大量反复的实验，每一项实验都需要精确控制各种参数，如温度、压力、时间等。这个过程既烦琐又辛苦，需要研究者具备扎实的专业基础和丰富的实践经验。在实验室里，他们需要在高温、高压的环境下进行实验，一丝不苟地记录数据，稍有不慎，便可能前功尽弃。而在生产线上，他们需要时刻关注机器的运行状况，确保每一个环节都精确无误。这种严谨的工作态度和工作环境，自然也带来了不小的身体和心理压力。

金属材料工程涉及许多复杂的问题，如材料的微观结构、相变机制、力学性能等，需要深入的理论知识和实践经验。另外，金属材料工程作为应用型工科专业，紧跟时代发展是必不可少的。新的技术、新的理论不断涌现，为了跟上时代的发展，需要不断学习和更新自己的知识和技能，以应对各种复杂的问题和挑战。每一次技术的突破，都凝结着无数材料专家的青春和热血，每一次的创新都承载着他们对未来的无限憧憬与追求。他们在实验室中反复尝试，不断探索着金属材料的极限与可能；他们在实践中积累经验，为解决复杂问题寻找答案。金属材料工程领域的实验和测试工作也比较烦琐和耗时，需要耐心和细心。在实验过程中，可能会遇到实验失败和挫折，需要不断进行尝试和调整。但是我们也应该意识到，辛酸是常有的，也正是这些辛酸，让金属材料工程专业变得更加具有挑战性和吸引力。它需要人们不断地探索、实践和思考，才能够领悟其中的奥秘。同时，这个专业也需要人们具备创新能力和合作精神，才能够在这个领域中取得成功。

所以，当我们谈论金属材料工程带来的“钱途”和“辛酸”时，我们其实是在谈论一种职业、一种人生选择。它既需要我们付出汗水和努力，也需要我们具备敏锐的洞察力和创新精神。但正是这种挑战与机遇并存的状态，使得金属材料工程成为一个充满魅力和活力的领域。对于那些愿意投身于这个领域的人来说，无论是为了那份丰厚的薪资，还是出于对科学的热爱和追求，他们都是值得我们敬佩的人。因为他们知道，每一次实验的成功、每一个新材料的问世，都离不开他们的付出和努力。当然，我们也应该意识到，金属材料工程不仅仅是一门学科或一种职业，它更是人类智慧和创造力的结晶。在这个领域里，我们可以看到人类对自然界的理解和掌控能力如何不断提升，也可以看到科技如何推动着社会的进步和发展。因此，当我们谈论金属材料工程的“钱途”和“辛酸”时，我们更应该看到它背后所蕴含的价值和意义。只有在这个层面上，我们才能真正理解金属材料工程带给我们的不仅仅是物质的富饶，更是精神的满足和心灵的升华。

▶▶金属材料工程的学习之道

在科技进步与文明发展的道路上，金属材料工程始终是不可或缺的重要基石，这条道路宛如一场奇妙的艺术之旅，需要我们用心感受每一处细节。它不仅关乎着工业生产的效率与质量，更在很大程度上决定了人类社会的进步速度。那么，如何踏上金属材料工程的“大道”，成为一名优秀的金属材料工程师呢？

在追求金属材料工程的道路上，扎实的基础知识是不可或缺的基石。作为一门涉及多个学科领域的综合性学科，金属材料工程需要我们具备广泛而深入的知识储备。数学和物理作为自然科学的基础学科，为我们在材料科学领域的研究提供了重要的理论支撑和工具应用。通过掌握数学中的物理、化学、材料科学中的相关知识，我们可以更好地理解和分析材料的各种性质和行为。而材料科学基础、材料力学、材料物理等专业核心课程更是我们深入研究金属材料的必备课程。这些课程从不同角度深入探讨金属材料的性质、结构、制备工艺及应用领域，使我们能够全面了解金属材料的内在规律和外在表现。通过这些专业课程的学习，我们可以掌握金属材料的各种基本性质，如力学性能、热学性能、电学性能等，以及了解不同金属材料的结构和特点。

理论知识是基础，但真正的关键在于将其应用于实际。金属材料作为一门实践性很强的学科，实践技能是

必不可少的，需要我们掌握多种分析测试技术，包括金相分析技术、成分分析技术、力学等性能测试技术。通过参与项目、实验和实地工作，我们将理论知识转化为解决实际问题的能力。在日常的实验操作中，应该学会用已有的材料科学知识去理解实验中发现的现象，实现理论与实践的结合。实验是材料科学研究的重要手段，而数据分析则是得出科学结论的关键环节。因此，强化实验技能和数据分析能力是成为一名优秀材料工程师的重要途径。实验技能包括实验设计、操作、数据采集和处理等方面的技能，而数据分析能力则涉及使用相关软件进行数据分析和可视化的能力。只有具备了这些技能和能力，才能更好地进行实验研究，得出科学可靠的结论。

成为一名优秀的材料工程师，需要的不仅仅是扎实的基础知识和技能，更需要不断地自我超越和持续进步。在这个快速发展的时代，学术前沿的动态和技术进展日新月异，我们需要时刻保持敏锐的洞察力和学习能力，不断更新自己的知识和技能储备。为了保持对学术前沿的敏锐洞察力，我们可以积极参与学术交流活动，如参加学术会议、研讨会和讲座等。通过与同行专家的交流和互动，我们可以了解最新的研究动态和技术进展，掌握学科发展的方向和趋势。同时，我们还要善于利用学术资源，如查阅专业文献、跟踪学术期刊和参与学术网络等，以获取更广泛和深入的学术信息。发表论文和申请专利是展示自己研究成果的重要方式，也是与世界分享知识和技术的桥梁。通过发表论文，我们可以将自己的研究成果公之于众，接受同行专家的评价和监督，从而提升自己的学术影响力和声誉。申请专利则可以保护我们的创新成果，为知识产权的保护和发展提供法律保障。培养批判性思维也是成为一名优秀材料工程师的关键。我们需要勇于接受批评和建议，以开放的心态面对他人的意见和反馈。通过反思和审视自己的研究成果和方法，我们可以发现其中的不足和缺陷，进一步改进和完善自己的学术素养。同时，批判性思维还能够培养我们的独立思考能力，使我们更加具备创新和解决问题的能力。总之，成为一名优秀的材料工程师需要不断地自我超越和持续进步。我们需要保持对学术前沿的敏锐洞察力，积极参与学术交流活动，发表论文和申请专利，同时培养批判性思维，勇于接受批评和建议。只有这样，我们才能在材料科学领域取得更好的成绩，为人类社会的发展作出更大的贡献。

另外，对金属材料的兴趣是驱动力，带着问题去寻找答案。首先想象一下，那些坚硬而璀璨的金属，如何通过

热处理和合金化变得更具性能？为什么有的金属能够抵抗腐蚀，而有的金属却容易生锈？这些问题中都蕴藏着材料科学的知识，正是对这些问题的思考和探索，激发了我们对金属材料工程的浓厚兴趣。只有对金属材料充满好奇心，才能有自驱力，才能在这道路上走得更远。

其次，我们需要打破常规的束缚，勇于探索未知的领域。就像一幅抽象派的画作，而我们所学的知识就是手里的颜料，如何去布局，如何去着笔，都需要我们敢于挑战传统，勇于创新。尝试不同的合金配方、独特的处理工艺，用我们的想象力和创造力，创造出独一无二的金属材料。正如，目前材料领域比较热门的多组元合金也叫高熵合金，它打破了传统合金中单一元素作为主元的设计理念，创造性地提出了多主元合金的设计理念，将科研工作者的探索目光从相图边缘吸引至相图中央，引领了材料行业新的发展方向。此外，计算机技术与材料科学的结合，也给予了我们无限的可能，去探索未知的领域。创造性永远是自然科学最不可或缺的本质。

最后，我们应该有敬畏科学的思想。不管是基础科学还是应用科学，都以揭示世界本源为目的。一代又一代材料人努力在寻找材料领域的极限，强度的极限，塑性的极限，导电、导热的极限，这注定是一场不同寻常的旅程。所以，无论我们做怎样的尝试，得到怎样的结果，敬畏科学的本质，探索材料的极限，是我们材料人应有的思维。金属材料工程的研究中，我们可能会遇到各种挑战和困难，但正是这些挑战激发了我们的斗志，让我们更加努力地探索和创新。我们要学会从失败中吸取教训，从挫折中寻找机遇，坚定地走自己的道路，不断突破自我，超越极限。

我们应该明白，无论是学习还是生活，与人为伴路途将不再孤独。金属材料工程这条大道也一样，在追求卓越的路上，我们并不是孤军奋战。与老师、同学和伙伴携手共进，互相学习、互相激励，能够加速我们的成长进程。老师不仅是我们学术上的指导者，更是我们成长路上的引路人。他们拥有丰富的经验和知识，能够为我们提供宝贵的建议和指导，帮助我们少走弯路，更好地实现自己的目标。与老师保持良好的沟通，积极寻求他们的意见和建议，将有助于我们在金属材料工程领域取得更好的成绩。与同学之间的合作也是必不可少的。在金属材料工程的学习和研究中，很多任务需要团队合作完成。通过与同学合作，我们可以互相学习、互相补充、共同提高。在合作中，我们可以学会倾听他人的意见和建议，尊重他人的想法和贡献，从而更好地协调团队工作，实现共同的

目标。我们要珍惜每一次的合作机会、每一次的演讲、每一次的报告，学会倾听和沟通，让团队的力量成为我们前行的动力。同学们，金属材料工程，注定是一场令人着迷的旅程，它需要我们不懈地努力与拼搏，需要我们释放创新之魂，研习实践之技。愿我们在这个过程中，不断突破自我，追求卓越，共同书写材料工程领域的辉煌篇章。

参考文献

[1] 师昌绪. 中国高温合金40年[M]. 北京：中国科学技术出版社，1996.

[2] 师昌绪，钟增墉. 我国高温合金的发展与创新[J]. 金属学报，2010，45：1281-1288.

[3] 卢柯. 青年科学家——卢柯谈纳米金属材料的进展和挑战[J]. 中国新技术新产品精选，2001(Z1)：10-13.

[4] GLUDOVATZ B, HOHENWARTER A, CATOOR D, et al. A fracture-resistant high-entropy alloy for cryogenic applications [J]. Science, 2014, 345: 1153-1158.

[5] VISWANATHAN G B, HAYES R W, MILLS M J. A study based on jogged-screw dislocations for high

temperature creep in Ti alloys[J]. Materials Science and Engineering A, 2001, 319 - 321: 706-710.

[6] 万佳俊. 商州青铜器辩伪史[D]. 吉林大学, 2022.

[7] 刘毅. 从金石学到考古学——清代学术管窥之一[J]. 华夏考古，1998, 4: 87-96.

[8] 毛卫民，王开平. 金属器时代的发展与中西方社会的分封制度[J]. 金属世界，2023, 4: 27-32.

[9] 罗泰. 有关中国考古学中铁器时代问题的若干思考[J]. 考古学研究，2022, 15: 71-75.

[10] YANG T, ZHAO Y L, Tong Y, et al. Multicomponent intermetallic nanoparticles and superb mechanical behaviors of complex alloys[J]. Science, 2018, 362: 933-937.

[11] ZHANG Y, LI J, CHE S, et al. Chemical Leveling Mechanism and Oxide Film Properties of Additively Manufactured Ti-6Al-4V Alloy[J]. Journal of Materials Science, 2019, 54 (21): 13753-13766.

[12] 王旭忠，李晓飞，王高松. 铝/铝双金属复合材料制备技术研究进展[J]. 有色金属加工，2024, 53 (02) :4-9.

[13] 李军义，王东新，刘兆刚，等. 铍铝合金的制备工艺与应用进展[J]. 稀有金属，2017(02)：203-210.

[14] 杨昊坤，邱谨，周宏伟，等. 铝/镁双金属铸造复合材料的组织与性能[J]. 中国有色金属学报，2022，32(06)：1591-1604.

[15] 毛红奎，郭冰鑫，樊宗义，等. 热浸 Al 对 Al-Si/38CrMo 复合界面固-液成型组织与力学性能的影响[J]. 中国有色金属学报，2022，32(02)：485-496.

“走进大学”丛书书目

什么是地质？	殷长春	吉林大学地球探测科学与技术学院教授（作序）
	曾　勇	中国矿业大学资源与地球科学学院教授 首届国家级普通高校教学名师
	刘志新	中国矿业大学资源与地球科学学院副院长、教授
什么是物理学？	孙　平	山东师范大学物理与电子科学学院教授
	李　健	山东师范大学物理与电子科学学院教授
什么是化学？	陶胜洋	大连理工大学化工学院副院长、教授
	王玉超	大连理工大学化工学院副教授
	张利静	大连理工大学化工学院副教授
什么是数学？	梁　进	同济大学数学科学学院教授
什么是统计学？	王兆军	南开大学统计与数据科学学院执行院长、教授
什么是大气科学？	黄建平	中国科学院院士 国家杰出青年基金获得者
	刘玉芝	兰州大学大气科学学院教授
	张国龙	兰州大学西部生态安全协同创新中心工程师
什么是生物科学？	赵　帅	广西大学亚热带农业生物资源保护与利用国家重点实验室副研究员
	赵心清	上海交通大学微生物代谢国家重点实验室教授
	冯家勋	广西大学亚热带农业生物资源保护与利用国家重点实验室二级教授
什么是地理学？	段玉山	华东师范大学地理科学学院教授
	张佳琦	华东师范大学地理科学学院讲师
什么是机械？	邓宗全	中国工程院院士 哈尔滨工业大学机电工程学院教授（作序）
	王德伦	大连理工大学机械工程学院教授 全国机械原理教学研究会理事长

什么是材料？	赵　杰	大连理工大学材料科学与工程学院教授
什么是金属材料工程？		
	王　清	大连理工大学材料科学与工程学院教授
	李佳艳	大连理工大学材料科学与工程学院副教授
	董红刚	大连理工大学材料科学与工程学院党委书记、教授(主审)
	陈国清	大连理工大学材料科学与工程学院副院长、教授(主审)
什么是功能材料？		
	李晓娜	大连理工大学材料科学与工程学院教授
	董红刚	大连理工大学材料科学与工程学院党委书记、教授(主审)
	陈国清	大连理工大学材料科学与工程学院副院长、教授(主审)
什么是自动化？	王　伟	大连理工大学控制科学与工程学院教授 国家杰出青年科学基金获得者(主审)
	王宏伟	大连理工大学控制科学与工程学院教授
	王　东	大连理工大学控制科学与工程学院教授
	夏　浩	大连理工大学控制科学与工程学院院长、教授
什么是计算机？	嵩　天	北京理工大学网络空间安全学院副院长、教授
什么是人工智能？	江　贺	大连理工大学人工智能大连研究院院长、教授 国家优秀青年科学基金获得者
	任志磊	大连理工大学软件学院教授
什么是土木工程？		
	李宏男	大连理工大学土木工程学院教授 国家杰出青年科学基金获得者
什么是水利？	张　弛	大连理工大学建设工程学部部长、教授 国家杰出青年科学基金获得者
什么是化学工程？		
	贺高红	大连理工大学化工学院教授 国家杰出青年科学基金获得者
	李祥村	大连理工大学化工学院副教授
什么是矿业？	万志军	中国矿业大学矿业工程学院副院长、教授 入选教育部“新世纪优秀人才支持计划”
什么是纺织？	伏广伟	中国纺织工程学会理事长(作序)
	郑来久	大连工业大学纺织与材料工程学院二级教授

什么是轻工？　石　碧　中国工程院院士
四川大学轻纺与食品学院教授(作序)
平清伟　大连工业大学轻工与化学工程学院教授

什么是海洋工程？
柳淑学　大连理工大学水利工程学院研究员
入选教育部"新世纪优秀人才支持计划"
李金宣　大连理工大学水利工程学院副教授

什么是海洋科学？
管长龙　中国海洋大学海洋与大气学院名誉院长、教授

什么是航空航天？
万志强　北京航空航天大学航空科学与工程学院副院长、教授
杨　超　北京航空航天大学航空科学与工程学院教授
入选教育部"新世纪优秀人才支持计划"

什么是生物医学工程？
万遂人　东南大学生物科学与医学工程学院教授
中国生物医学工程学会副理事长(作序)
邱天爽　大连理工大学生物医学工程学院教授
刘　蓉　大连理工大学生物医学工程学院副教授
齐莉萍　大连理工大学生物医学工程学院副教授

什么是食品科学与工程？
朱蓓薇　中国工程院院士
大连工业大学食品学院教授

什么是建筑？　齐　康　中国科学院院士
东南大学建筑研究所所长、教授(作序)
唐　建　大连理工大学建筑与艺术学院院长、教授

什么是生物工程？贾凌云　大连理工大学生物工程学院院长、教授
入选教育部"新世纪优秀人才支持计划"
袁文杰　大连理工大学生物工程学院副院长、副教授

什么是物流管理与工程？
刘志学　华中科技大学管理学院二级教授、博士生导师
刘伟华　天津大学运营与供应链管理系主任、讲席教授、博士生导师
国家级青年人才计划入选者

什么是哲学？　林德宏　南京大学哲学系教授
南京大学人文社会科学荣誉资深教授
刘　鹏　南京大学哲学系副主任、副教授
什么是经济学？原毅军　大连理工大学经济管理学院教授
什么是经济与贸易？
黄卫平　中国人民大学经济学院原院长
中国人民大学教授(主审)
黄　剑　中国人民大学经济学博士暨世界经济研究中心研究员
什么是社会学？张建明　中国人民大学党委原常务副书记、教授(作序)
陈劲松　中国人民大学社会与人口学院教授
仲婧然　中国人民大学社会与人口学院博士研究生
陈含章　中国人民大学社会与人口学院硕士研究生
什么是民族学？南文渊　大连民族大学东北少数民族研究院教授
什么是公安学？靳高风　中国人民公安大学犯罪学学院院长、教授
李姝音　中国人民公安大学犯罪学学院副教授
什么是法学？　陈柏峰　中南财经政法大学法学院院长、教授
第九届"全国杰出青年法学家"
什么是教育学？孙阳春　大连理工大学高等教育研究院教授
林　杰　大连理工大学高等教育研究院副教授
什么是小学教育？刘　慧　首都师范大学初等教育学院教授
什么是体育学？于素梅　中国教育科学研究院体育美育教育研究所副所长、研究员
王昌友　怀化学院体育与健康学院副教授
什么是心理学？李　焰　清华大学学生心理发展指导中心主任、教授(主审)
于　晶　辽宁师范大学教育学院教授
什么是中国语言文学？
赵小琪　广东培正学院人文学院特聘教授
武汉大学文学院教授
谭元亨　华南理工大学新闻与传播学院二级教授
什么是新闻传播学？
陈力丹　四川大学讲席教授
中国人民大学荣誉一级教授
陈俊妮　中央民族大学新闻与传播学院副教授
什么是历史学？张耕华　华东师范大学历史学系教授

什么是林学？　张凌云　北京林业大学林学院教授
　　　　　　　张新娜　北京林业大学林学院副教授
什么是动物医学？陈启军　沈阳农业大学校长、教授
　　　　　　　　　　　国家杰出青年科学基金获得者
　　　　　　　　　　　“新世纪百千万人才工程”国家级人选
　　　　　　　高维凡　曾任沈阳农业大学动物科学与医学学院副教授
　　　　　　　吴长德　沈阳农业大学动物科学与医学学院教授
　　　　　　　姜　宁　沈阳农业大学动物科学与医学学院教授
什么是农学？　陈温福　中国工程院院士
　　　　　　　　　　　沈阳农业大学农学院教授(主审)
　　　　　　　于海秋　沈阳农业大学农学院院长、教授
　　　　　　　周宇飞　沈阳农业大学农学院副教授
　　　　　　　徐正进　沈阳农业大学农学院教授
什么是植物生产？
　　　　　　　李天来　中国工程院院士
　　　　　　　　　　　沈阳农业大学园艺学院教授
什么是医学？　任守双　哈尔滨医科大学马克思主义学院教授
什么是中医学？贾春华　北京中医药大学中医学院教授
　　　　　　　李　湛　北京中医药大学岐黄国医班(九年制)博士研究生
什么是公共卫生与预防医学？
　　　　　　　刘剑君　中国疾病预防控制中心副主任、研究生院执行院长
　　　　　　　刘　珏　北京大学公共卫生学院研究员
　　　　　　　么鸿雁　中国疾病预防控制中心研究员
　　　　　　　张　晖　全国科学技术名词审定委员会事务中心副主任
什么是药学？　尤启冬　中国药科大学药学院教授
　　　　　　　郭小可　中国药科大学药学院副教授
什么是护理学？姜安丽　海军军医大学护理学院教授
　　　　　　　周兰姝　海军军医大学护理学院教授
　　　　　　　刘　霖　海军军医大学护理学院副教授
什么是管理学？齐丽云　大连理工大学经济管理学院副教授
　　　　　　　汪克夷　大连理工大学经济管理学院教授
什么是图书情报与档案管理？
　　　　　　　李　刚　南京大学信息管理学院教授
什么是电子商务？李　琪　西安交通大学经济与金融学院二级教授
　　　　　　　彭丽芳　厦门大学管理学院教授

什么是工业工程？郑　力　清华大学副校长、教授（作序）
周德群　南京航空航天大学经济与管理学院院长、二级教授
欧阳林寒　南京航空航天大学经济与管理学院研究员

什么是艺术学？梁　玖　北京师范大学艺术与传媒学院教授

什么是戏剧与影视学？
梁振华　北京师范大学文学院教授、影视编剧、制片人

什么是设计学？李砚祖　清华大学美术学院教授
朱怡芳　中国艺术研究院副研究员